人工智能

——赋能万物智联的人工智能技术应用

主　编 // 江跃龙　孟思明　刘　薇
副主编 // 易　丹　马敏敏

西南交通大学出版社
·成　都·

图书在版编目（CIP）数据

人工智能：赋能万物智联的人工智能技术应用 / 江跃龙，孟思明，刘薇主编. —成都：西南交通大学出版社，2022.12

ISBN 978-7-5643-9032-7

Ⅰ. ①人… Ⅱ. ①江… ②孟… ③刘… Ⅲ. ①人工智能 Ⅳ. ①TP18

中国版本图书馆 CIP 数据核字（2022）第 227293 号

Rengong Zhineng

人工智能

——赋能万物智联的人工智能技术应用

主编 江跃龙 孟思明 刘 薇

责任编辑	罗在伟
封面设计	何东琳设计工作室
出版发行	西南交通大学出版社 （四川省成都市金牛区二环路北一段 111 号 西南交通大学创新大厦 21 楼）
发行部电话	028-87600564 028-87600533
邮政编码	610031
网 址	http://www.xnjdcbs.com
印 刷	四川玖艺呈现印刷有限公司
成品尺寸	185 mm × 260 mm
印 张	9
字 数	222 千
版 次	2022 年 12 月第 1 版
印 次	2022 年 12 月第 1 次
书 号	ISBN 978-7-5643-9032-7
定 价	38.00 元

前言

当前，数字化浪潮方兴未艾，以大数据、云计算、人工智能为代表的新一代数字技术日新月异，催生了数字经济这一新的经济发展形态。多年来，消费互联网的充分发展为我国数字技术的创新、数字企业的成长以及数字产业的蓬勃发展提供了重要机遇。伴随着数字技术的融合应用以及我国供给侧结构性改革的不断深化，加快数字技术与实体经济的融合发展已成为共识。

为此，国家已出台相关政策，强调传统产业数字化转型的重要性。2017年，党的十九大报告明确提出要“加快发展先进制造业，推动互联网、大数据、人工智能和实体经济深度融合”。2020年，国家出台《数字化转型伙伴行动倡议》《中小企业数字化赋能专项行动方案》，其中提出，“针对中小企业典型应用场景，鼓励创新工业互联网、5G、人工智能和工业APP融合应用模式与技术，引导有基础、有条件的中小企业加快传统制造装备联网、关键工序数控化等数字化改造，应用低成本、模块化、易使用、易维护的先进智能装备和系统，优化工艺流程与装备技术，建设智能生产线、智能车间和智能工厂，实现精益生产、敏捷制造、精细管理和智能决策。”2021年国家出台《“十四五”数字经济发展规划》，提出要“高效布局人工智能基础设施，提升支撑‘智能+’发展的行业赋能能力。”可见，在数字经济迅猛发展的背景下，传统产业以数字化转型为方向，实现质量变革、效率变革、动力变革是必然趋势，对实现传统产业与数字技术深度融合发展，符合中国经济发展实际，对促进我国产业迈向中高端，具有十分重大的意义。

对于传统产业而言，数字化转型是利用数字技术进行全方位、多角度、全链条的改造过程，充分发挥数字技术，在传统产业发展中的赋能引领作用，如通过人工智能、大数据、5G等新兴技术赋能传统产业。通过深化数字技术在生产、运营、管理和营销等诸多环节的应用，实现企业以及产业层面的数字化、网络化、智能化发展，不断释放数字技术对经济发展的放大、叠加、倍增作用。人工智能赋能传统产业转型卓有成效，以传统制造行业转型为例，一些传统企业通过实施智能制造试点示范项目，建设具有较高水平的数字化车间或智能工厂，有效提升了生产效率。相关数据显示，这些示范项目改造前后对比明显，生产效率平均提升 37.6%、能源利用率平均提升 16.1%、运营成本平均降低 21.2%、产品研制周期平均缩短 30.8%、产品不良率平均降低 25.6%。可见，数字化转型可将制造优势与网络化、智能化相叠加，有利于提高生产制造的灵活度与精细性，实现柔性化、绿色化、智能化生产。因此，通过加强传统产业与人工智能的融合，促进企业应用人工智能技术联通生产、技术、人力等资源及市场、销售、前端设计各环节，来支撑 AI 场景快速落地，赋能传统产业高质量发展是必由之路。

为此，广州铁路职业技术学院联合广州万维视景科技有限公司，以企业用人为导向，以岗位技能和综合素质为核心，组织专业带头人、企业工程师共同开发本书。

本书以“行业应用案例”贯穿课程，每个单元以相关行业中的真实企业应用案例为基础，涉及制造、交通、电商、财会、传媒、金融、互联网、文旅等多个传统行业，在此过程中培养学生人工智能意识、人工智能技术应用等综合职业能力。本书共含 12 个知识单元，系统讲解了人工智能基础知识及其应用，并通过人工智能技术在各专业场景下的应用案例，解答“人工智能如何赋能传统行业”的问题。

本书可用作职业院校人工智能技术应用专业教材，也可作为人工智能企业培养技能型人才的参考书。

本书的主要特点如下：

1. 教材注重普适性，简单易学，促进“理论教学+科普服务”一体化

本书在课程内容设计方面，非常注重普适性，坚持教学内容的实用性，易学易懂，从学生的本专业出发，通过系统化的基础知识，加深学生对人工智能技术如何赋能传统行业的理解，大大减低人工智能技术的学习门槛。同时，本书采用单元模块化体例，在全面、系统介绍人工智能基础知识的基础上，辅以生动的案例和插图，使理论教学与行业认知交互进行，突出对学生人工智能素养的培养。

2. 结合社会主义先进文化，促进课程思政，落实育人目标

本书结合我国“正能量”的时事热点及政策普及，落实从“思政课程”到“课程思政”的教育工作，提炼人工智能应用场景中的文化基因和价值范式，其转化为社会主义核心价值观具体化、生动化的有效教学载体，在“润物细无声”的知识学习中融入理想信念层面的精神引导。例如，通过春

晚“福袋”机器人、融合祥云及中国红等传统文化元素的“拓荒牛”四足机器人，融合讲解中华民族传统文化、民族自信等思政内容；通过 VR 党建展厅、虚拟青年交通模拟系统，融合讲解科技与素质培养的结合等。

3. 创新内容呈现形式，通过融媒体资源打破时空限制

本书以学生为课堂主体，内容有明确的学习目标、学习内容和学习总结，充分调动学生的积极性。同时，本书还通过融媒体课程资源的建设，使得内容的呈现更加多元、纸质教材与数字资源相得益彰、传统学习形式与在线学习形式充分融合，突出体现新时代融媒体教学特色。

本书作者有着多年的实际项目开发经验，并具有丰富的教育教学经验，完成了多轮次、多类型的教育教学改革与研究工作。本书由江跃龙、孟思明、刘薇担任主编，易丹、马敏敏担任副主编，广州万维视景科技有限公司李伟昌、冯俊华等工程师参加编写。其中，江跃龙负责总体策划、组织，并负责单元 1、2、3 的编写，孟思明负责单元 4、5、6 的编写，刘薇负责单元 7、8、9 的编写，易丹负责单元 10、11 的编写，马敏敏负责单元 12 的编写，李伟昌、冯俊华等工程师负责以企业工程师视角对本书内容进行完善。

由于编者水平有限，书中不妥或疏漏之处在所难免，殷切希望广大读者批评指正。

编　者

2022 年 9 月

目录

单元1　人工智能基础认知

——邀您掀开人工智能（AI）神秘面纱

本单元将从人工智能在生活中的简单应用入手，介绍人工智能的基础知识，包括定义、特征、发展历史和研究目标，以及根据人工智能不同的研究方向形成的三大理论学派，将人工智能在实际生活中的浅层知识面展现出来。

学习目标

1. 掌握人工智能在生活中的应用。
2. 掌握人工智能的定义和特征。
3. 了解人工智能的发展历史。
4. 了解人工智能的研究目标。
5. 了解人工智能的三大理论学派。

单元导读

2019 年 2 月 4 日春晚，一位特殊的“主持人”机器人“福袋”出现在舞台上，如图 1-1、图 1-2 所示。

图 1-1　春晚舞台上的机器人“福袋”

图 1-2　机器人“福袋”

人们调侃它像个行走的“垃圾桶”，殊不知它竟然会说话。

“福袋”能熟练运用“春晚金句”和各种历史典故，也能够回答主持人提出的各种问题，还能与真人一起唱歌、跳舞。说到自己不会的问题时，“福袋”还会撒娇，表示自己被“为难”到了，如图 1-3 所示。

图 1-3　会撒娇的机器人“福袋”

“福袋”是由阿里巴巴人工智能实验室自主研发的一款天猫精灵机器人。“福袋”的行走路线规划、定点位置，以及在整场直播中与真人的配合互动等，都需要其具备较高的智能水平。可以说“福袋”机器人是人工智能技术的一个应用载体。

人工智能进入人们的生活，在各个方面都发挥着重要的作用，人们不禁要问，人工智能到底是什么呢？它能用来做什么呢？

单元知识

1.1 人工智能无处不在

1.1.1 智能语音助手

小智直播间

当你忙碌了一天，回到家中，想要听听音乐放松身心时，你可以向家里的智能语音助手发出语音指令，智能语音助手接收指令后，能够即刻为你播放美妙的音乐。

这是智能语音助手较为常见的应用场景。除了百度的“小度”，典型的智能语音助手还有苹果的“Siri”、华为的“小艺”、小米的“小爱同学”、OPPO 的“小布”和 Vivo 的“Jovi”等。

智能语音助手基于智能语音技术与人们进行交流、互动。智能语音交互作为一项全新的交互方式，解放了人们的双手双眼，相比于触控交互、手势交互，这种交互方式使用起来相对便利。例如，在驾驶过程中，智能语音交互不需要正在开车的司机空出手来通过触屏或隔空比划进行屏幕控制，其通过语音指令即可实现相关操作，给人们带来了更为安全舒适的出行体验。

智能语音助手能够帮助用户实现很多功能。用户只要提出“播放歌曲”“今天天气如何”或者“设置明早七点的闹钟”等语音指令，智能语音助手就能聪明地进行相应的安排，方便快捷。图 1-4 所示即为小度车载 OS 语音交互系统，其为车主提供了更为便捷、高效的人车互联模式。

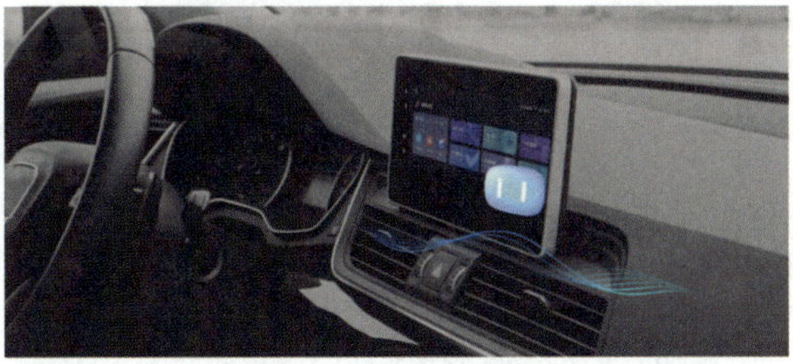

图 1-4 小度车载 OS 语音交互系统

1.1.2 智能刷脸支付

在移动支付高度普及的今天，“用脸就能花钱”的功能也已融入人们的日常生活当中。智能刷脸支付是基于人工智能、3D 传感、大数据等技术实现的新型支付方式。相较于指纹识别、手型识别等其他生物特征识别方式，智能刷脸支付使用的人脸识别方式的最大优点在于“非接触性”，它能够直接识别支付人的面部特征，大大提升了系统响应速度。同时，人们也能避免因与机器接触而产生的卫生隐患。人们无需拿出手机就可直接进行刷脸支付，方便快捷。

智能刷脸支付能够为涵盖线上、线下的多种消费场景提供高效、便捷的消费支付体验，其应用场景包括商超自助结算大屏、桌面收银机、自动贩卖机等。

图 1-5 所示为校园食堂刷脸就餐应用场景。学生可通过线上系统将人脸信息与餐卡账户绑定，并进行余额充值。充值后，学生再在食堂就餐时，只需对准识别终端扫描人脸即可轻松完成支付。

图 1-5　校园食堂刷脸就餐流程

小思考：商家是否能拿用户的照片去别的地方刷脸消费呢？

1.1.3　智能自动驾驶

随着科技发展，交通工具的选择也越来越丰富。如图 1-6、图 1-7 所示，2020 年 10 月，百度阿波罗（Apollo）自动驾驶出行服务车辆正式开放，用户在“萝卜快跑”APP 上选择并呼叫车辆，车辆会立即响应，并自动驾驶到用户身边，使无车用户的自主出行变得高效便捷。

自动驾驶出行服务的用户体验功能已较为成熟。2022 年 3 月，Apollo 在“萝卜快跑”APP 上的订单突破 30 万。由此可知，智能自动驾驶正在快速被公众接纳，并成为一项出行新选择。

图 1-6　Apollo 自动驾驶出行服务车辆

图 1-7　“萝卜快跑”APP 呼叫页面

目前，部分自动驾驶汽车已经具备应对城市各类复杂场景的自动驾驶能力，如对于智能自动驾驶最棘手的“无保护左转”场景，如图 1-8 所示，即在十字路口，左转和直行的车辆交会造成的拥堵和安全风险，这种情况对于人类司机来说都是相当困难的，而在智能自动驾驶的应用层面，这类场景需要车辆完成规划出行路线、定位车道、预测其他车辆的行驶轨迹，以及通过车载传感器扫描车辆之间的间隙等步骤后才能做出决定。目前，部分自动驾驶汽车已经可以做到，其为人们的出行生活带来了许多便利。

图 1-8　Apollo“无保护左转”模拟场景

1.2　人工智能

由上文可知，人工智能应用场景非常的多，那人工智能到底是什么呢？

知识要点：人工智能的定义.ppt　　微课：人工智能的定义

接下来，让我们一起通过学习人工智能的定义、特征以及发展历史来认识“什么是人工智能”。

1.2.1　人工智能的定义

1956 年 8 月 31 日，约翰·麦卡锡（John McCarthy）、马文·李·明斯基（Marvin Lee Minsky）等科学家在美国达特茅斯学院开会研讨“如何用机器模拟人的智能”，并首次提出“人工智能（Artificial Intelligence，AI）”这一概念，从此就诞生了人工智能学科。

从那以后，科技工作者发展了众多理论，人工智能的定义也随之扩展。

关于人工智能，目前最典型的定义有以下 2 个：

（1）人工智能是一门科学，是使机器做那些人类需要通过智能来做的事情；

（2）人工智能是一门关于研究知识的表示、知识获取和知识运用的学科。

纵观这两个定义，不难看出，人工智能具有一定的人类思维，并企图通过对知识的学习，生产出一种新的、能以与人类智能相似的方式做出反应的智能机器。

小智直播间

1.2.2　人工智能的特征

人工智能的特征主要体现在以下 3 个方面：

1. 通过计算和数据为人类提供服务

人工智能通过芯片等硬件载体来运行或工作，且能够通过对数据进行采集、加工、处理、分析和挖掘，形成有价值的信息流和知识模型，来为人们提供延伸人类能力的服务，实现对人们期望的一些“智能行为”的模拟。

2. 对外界环境进行感知与人类交互

人工智能借助摄像头、麦克风等传感器，获得对外界环境进行感知的能力。具备这些传感器之后，人工智能就可以像人类一样通过视觉、听觉、嗅觉、触觉等接收来自环境的各种信息，产生文字、语音、动作等反应，并与人类进行交流和互动。

简单来说，理想的人工智能可以“看到”美丽的风景，可以“听见”声音，可以“闻到”花香，也可以“感受到”花的柔软。

3. 拥有自适应和学习能力可以演化迭代

在理想情况下，人工智能具有一定的自适应和学习能力，即具有一定的随环境变化而自适应调节、优化、更新的能力，具备适应性、灵活性和扩展性，能够应对不断变化的现实环境。

1.2.3 人工智能的发展历史

人工智能的发展充满着诸多未知，其探索道路也曲折起伏。

从 1956 年开始，人工智能经历了 60 余年的发展，其历程可以划分为 6 个阶段：起步期、启动期、消沉期、突破期、寒冬期和发展期，如图 1-9 所示。

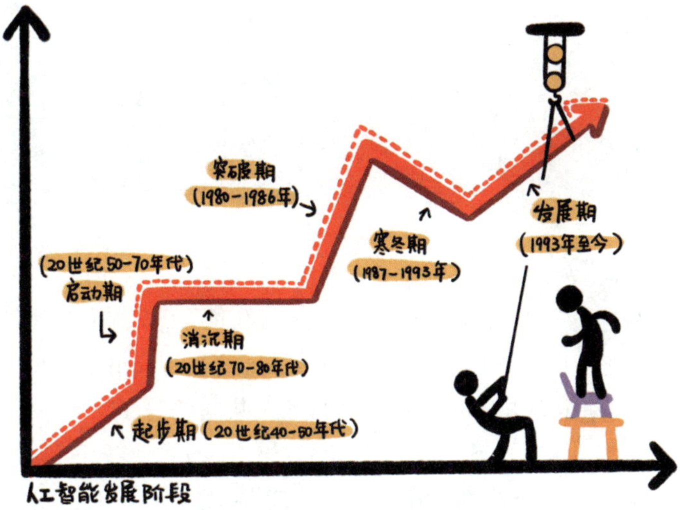

图 1-9　人工智能发展阶段

1. 起步期（20 世纪 40—50 年代）

1950 年，英国计算机科学家艾伦·麦席森·图灵（Alan Mathison Turing）发表论文《计算机器和智能》(《*Computing Machineray and Intelligence*》)。

1954 年，美国发明家乔治·戴沃尔（George Devol）设计了世界上第一台可编程工业机器人 Unimate。1956 年，乔治·戴沃尔和约瑟夫·恩盖尔柏格合作建立了 Unimation 公司，开创了机器人发展的新纪元，如图 1-10 所示。

图 1-10　乔治·戴沃尔的机器人 Unimate

艾伦·麦席森·图灵设计了一个小测试——“图灵测试”来判定机器是否具有智能——“如果一台机器能够与人类对话，但又不会被人类辨认出自己的机器身份，那它就被称为具有人类智能。”

人工智能的历史车轮滚滚向前，它的出现为人类生活开辟了新的篇章。

小思考：图灵测试是什么？

图灵测试（The Turing test）由艾伦·麦席森·图灵提出，具体指测试者（人）与被测试者（机器）隔开的情况下，人通过一些装置（如键盘）进行随意提问，从而让人判断对面到底是机器还是人。多次测试后，如果机器让平均每个测试者猜错超过总测试次数的 30%，那么这台机器就通过了测试，并被认为具有人类智能。图灵测试是人工智能在哲学层面第一个严肃的提案。

2014 年 6 月，计算机尤金·古斯特曼成为有史以来首台通过图灵测试的计算机，并成功让人类相信它是一个 13 岁的男孩。这被当作是人工智能发展历史中的一个里程碑事件。

2. 启动期（20 世纪 50—70 年代）

1956 年，麦肯锡在达特茅斯会议首次提出“人工智能”这一概念，人工智能诞生。

1957 年，赫伯特·亚历山大·西蒙（Herbert Alexander Simon）、约翰·克里夫·肖（John Clifford Shaw）和艾伦·纽厄尔（Allen Newell）三人共同编写了“通用问题解决器”计算机程序。

1959 年，麦卡锡和明斯基牵头在美国麻省理工学院成立了人工智能实验室。

1966—1972 年，由查理·罗森领导的美国国际斯坦福研究所研制出世界上第一台采用人工智能的移动机器人 Shakey。

1966 年，美国麻省理工学院的约瑟夫·魏泽鲍姆发布了世界上第一个聊天机器人 Eliza，如图 1-11 所示。

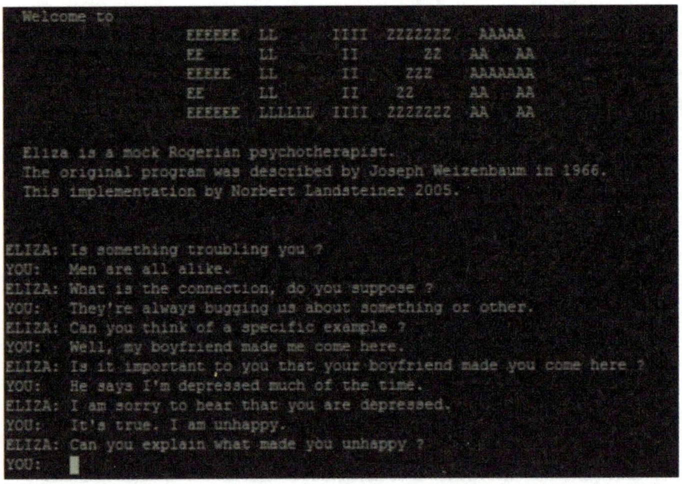

图 1-11 Eliza 聊天机器人程序界面

3. 消沉期（20 世纪 70—80 年代）

人工智能在启动期的突破性进展使人们对其寄予了更大的期望，于是人们开始尝试更具挑战性的任务，并提出了一些“不切实际”的研发目标。

然而当时计算机有限的内存和处理速度不足以解决任何实际的人工智能问题，接二连三的失败使人工智能的发展走入低谷，英国政府、美国国家科学委员会等机构也逐渐停止了对人工智能研究的资助。

4. 突破期（1980—1986 年）

1981 年，日本启动为期 10 年的“第五代计算机技术开发计划”，英美等国纷纷响应，重新开始为人工智能领域的研究提供大量资金。

1984 年，美国计算机科学家道格拉斯·布鲁斯·莱纳特启动了大百科全书（Cyc）项目，其目标是使人工智能的应用能够以类似人类推理的方式工作。

1986 年，美国发明家查尔斯·赫尔制造出世界上第一台 3D 打印机 SLA-1。

5. 寒冬期（1987—1993 年）

桌面电脑的迅速普及，以及人工智能研究目标的成功概率较低，人们开始对人工智能产生信任危机，各国政府和相关机构纷纷停止了资金投入，这导致人工智能发展陷入了数年的低谷，其理论研究也陷入停滞。

6. 发展期（1994 年至今）

“山重水复疑无路，柳暗花明又一村。”人工智能是社会历史发展的必然趋势，各国的研发资助资金源源不断地投入，大力发展人工智能。

1997 年，国际商业机器公司（IBM）的深蓝超级计算机战胜了人类国际象棋世界冠军卡斯帕罗夫，成为第一个在标准比赛时限内击败国际象棋世界冠军的电脑系统。

2011 年，IBM 公司开发的人工智能程序沃森（Watson）参加了哥伦比亚智力问答节目《危险边缘》。如图 1-12 所示，表面上沃森只是一块会发声的显示屏，但实际上，它的背后是 90 台服务器的共同协作，每台服务器还有 4 个 8 核中央处理器，内存超过在场所有人类的大脑。

图 1-12　沃森参与节目的剪影

最后，全场唯一一位几乎正确答对了所有问题的选手，竟然是人工智能程序沃森。沃森以三倍的分数优势与其他选手拉开悬殊差距，打败了两位曾经的人类冠军，并赢得了 100 万美元的奖金，属实令人惊叹。

2012 年，加拿大神经学家团队创造了一个具备简单认知能力、有 250 万个模拟“神经元”的虚拟大脑 Spaun，并使它通过了最基本的智商测试。

2013 年，Facebook（脸书）人工智能实验室和百度深度学习研究院成立。

2014 年，在英国皇家学会举行的“2014 图灵测试”大会上，聊天程序尤金·古斯特曼（Eugene Goostman）首次通过了图灵测试。

2014 年，亚马逊公司正式发布了智能音箱产品 Echo，如图 1-13 所示，这是一款可以通过语音控制家庭电器和提供资讯信息的智能音箱产品。随后各大厂商纷纷效仿，均试图抢占用户家庭的市场入口，使得智能音箱产品在短时间内遍地开花。

图 1-13　亚马逊智能音箱产品 Echo

2016 年，阿尔法狗（AlphaGo）战胜围棋世界冠军，再次震惊整个人工智能领域。

人工智能应用产业由此全面开花。人工智能开始与制造业、服务业、零售业、农业等多个行业深度融合，厂家进而推出各式各样的人工智能应用产品。

从人工智能概念的提出到计算机程序的编写，再到成立专门的研究实验室，研制出第一台智能的机器人……，当人工智能的启动键被按下，人们便坐上了科技发展的快车。且看这短短十年，人工智能的发展如火如荼，令人心潮澎湃。

1.3　人工智能的研究目标

人工智能的研究目标，是让机器像人一样具有感知、获取知识、储存知识、推理思考、学习、行动等能力。

基于实现程度的不同，人们将研究目标分作 3 个层次：弱人工智能、强人工智能和超强人工智能，对应拟人、类人和超越人 3 个阶段，如图 1-14 所示，人工智能的级别越高，则代表其越具有人类的思维意识，同时，人们也对人工智能的发展表达出了自己的顾虑。

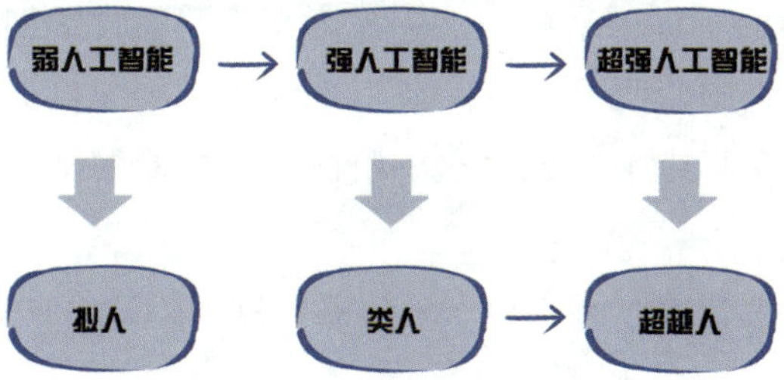

图 1-14　人工智能的研究目标层次

1.3.1　弱人工智能

弱人工智能，又称为限制领域人工智能，指的是擅长于单个方面的人工智能。它能够在特定领域出色地完成任务，但只能做其特定领域内的工作，无法在其他领域有所发展，其工具属性的特征较为明显。

当前的弱人工智能已经接近或达到能够与人类媲美的水平，例如 AlphaGo 在围棋领域就有非常出色的能力，并多次打败世界围棋冠军。然而，在面对超出领域范围之外的情况时，弱人工智能就会“力不从心”，就像 AlphaGo 显然无法分辨站在自己面前的动物哪只是猫，哪只是狗，这也是弱人工智能“弱”的原因。

1.3.2　强人工智能

强人工智能，又称通用人工智能，指的是能够执行通用任务的人工智能。它能够像人类一样学习、推理、认知和解决问题，从而扩展和延伸人的智能，且不局限于特定领域中。具有强人工智能的机器有着与人类相似的智能水平，也有自己的“世界观”和“价值观”，能够全方位、跨领域地解决人类所遇到的问题，它能像人一样去“思考”和“生活”。强人工智能机器能够通过图灵测试，并且代替人类完成大部分的日常工作。

1.3.3 超强人工智能

超强人工智能是哲学家通过推理描述出的一种未来状态，它被定义为“在科学创造力、智慧和社交能力等每一方面都比最强的人类大脑聪明很多的智能”，超强人工智能也被称为是人工智能研究的终极目标。但由于技术水平的限制，人们对这一阶段人工智能的基本形态更多停留在想象和推理层面，只能从哲学角度加以思考。

目前，人工智能技术的发展处于“弱人工智能”阶段，人工智能的发展仍任重而道远。

1.4 人工智能的理论学派

确定了人工智能的研究目标后，如何能实现目标便成为一大难题，人们开始针对人工智能领域提出各类研究方法。关于人工智能的研究方法，不同科学或学科背景的学者有着不同的理解，提出的观点也不同，其归结起来主要分为 3 个派别，分别为符号主义学派、连接主义学派和行为主义学派。

1.4.1 符号主义学派

符号主义（Symbolicism）是一种基于逻辑推理的智能模拟方法，又称为逻辑主义、心理学派或计算机学派，其实现基础是物理符号系统假设。符号主义学派认为：人类认知和思维的基本单元是符号，如图 1-15 所示，而认知过程就是在符号表示上的一种运算。

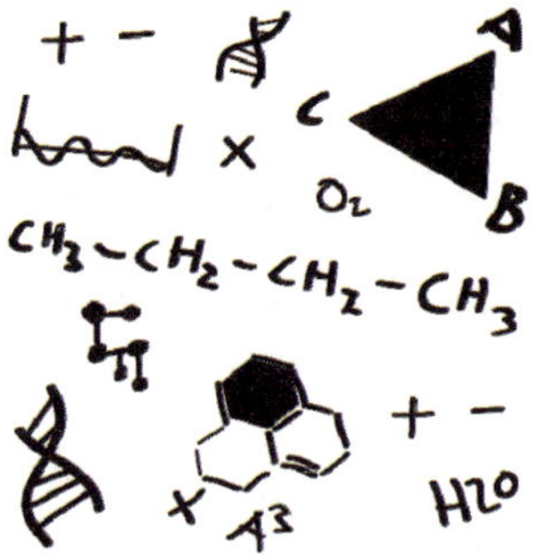

图 1-15　部分符号示例

符号主义学派认为人是一个物理符号系统，计算机也是一个物理符号系统，因此可以用计算机来模拟人的智能行为，即用计算机的符号操作来模拟人的认知过程。这种方法的实质就是模拟人的左脑抽象逻辑思维，通过研究人类认知系统的功能机理，用某种符号来描述人类的认知过程，并把这种符号输入到能处理符号的计算机中，这样就可以模拟人类的认知过程，从而实现人工智能。

符号主义学派曾为人工智能的发展作出重要贡献，尤其是专家系统的成功开发与应用，为人工智能走向工程应用打下基础，并对实现理论联系实际提供特别重要的意义。在人工智能的其他学派出现之后，符号主义仍然是人工智能的主流派别。

1.4.2 连接主义学派

连接主义（Connectionism）又称仿生学派或生理学派，其认为人工智能源于仿生学。连接主义的主要思想是从人脑神经生理学结构的角度来研究人类智能活动规律。

从神经生理学的观点看，人类智能活动都出自大脑，而大脑的基本结构单元是神经元，整个大脑的智能活动是相互连接的神经元间竞争与协调的结果，它们共同组织成一个网络，称为神经网络。持此种观点的人认为，研究人工智能的最佳方法是模仿神经网络的原理构造一个模型，称为人工神经网络模型（ANN），以此模型为基点开展对人工智能的研究。如图 1-16 所示，连接主义学派从大脑神经元出发，研究出了模仿神经网络原理的人工神经网络模型。连接主义学派从模型到算法，从理论分析到工程实现，为神经网络计算机走向市场奠定基础。

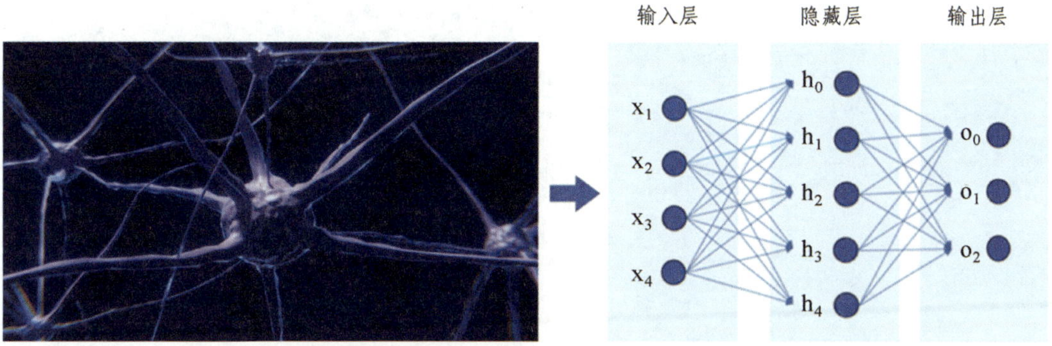

图 1-16　由大脑神经元发展出的人工神经网络模型

1.4.3 行为主义学派

行为主义（Actionism）又称进化主义或控制论学派，其认为人工智能源于控制论。行为主义的主要思想是从人脑智能活动所产生的外部表现行为的角度来研究人类智能活动规律，这种行为的特点是可用“感知-动作”模型来表示。

行为主义产生于 20 世纪初的美国，该理论一反传统心理学，主张心理学不应只是研究人脑中的那种无形的、不可捉摸的东西，即人的意识，而应去研究那种从人的意识中折射出来的看得见、摸得着的客观东西，即人的行为。

行为主义学派把神经系统的工作原理与信息理论、控制理论、逻辑以及计算机联系起来，其早期的研究工作重点是模拟人在控制过程中的智能行为和作用，如对自寻优、自适应、自镇定、自组织和自学习等控制论系统的研究，并进行“控制论动物”的研制。在 20 世纪 80 年代，行为主义学派诞生了智能控制和智能机器人系统。

行为主义学派是 20 世纪末才以人工智能新学派的面孔出现的，引起许多人的兴趣。这一学派的代表成果为六足行走机器人，如图 1-17 所示，它被看作是新一代的“控制论动物”，是一个基于“感知-动作”模型模拟昆虫行为的控制系统。

图 1-17　六足行走机器人

学习总结

我的学习收获

我的心得体会

我的学习拓展

学习评价表

单元名称：____________　　学习者姓名：____________

个人评价	
教师评价	
评价反馈	

单元 2 人工智能技术基础

——初识人工智能关键技术

本单元将介绍人工智能的关键技术——包括机器学习、计算机视觉、自然语言处理、知识图谱、语音处理技术和智能机器人的概念及其行业应用，同时讲解人工智能领域知识的简单表示。

学习目标

1. 了解机器学习及其应用。
2. 了解计算机视觉及其应用。
3. 了解自然语言处理及其应用。
4. 了解知识图谱及其应用。
5. 了解语音处理技术及其应用。
6. 了解智能机器人及其应用。
7. 了解人工智能知识的简单表示。

单元导读

近几年来，应用于超市收银的人工智能技术不断升级，从人工收银到自助收银，再到刷脸支付，超市收银的效率变得越来越高。

人工智能作为当前科技创新和产业升级转型的焦点，与各产业的场景进行融合，推动了行业的优化升级，持续催生新技术、新产品、新产业；同时，人工智能也深刻重构了人类社会生产、分配、交换、消费等各个环节，在生活领域中为人们创造了更多便利。

在这背后，人工智能关键技术的助推作用是毋庸置疑的。那么，人工智能关键技术可以分为几类？技术原理又是怎么样的？分别可以应用在哪些场景？

小智直播间

单元知识

2.1 机器学习

当用户在互联网搜索信息时，机器学习贯穿了“登录搜索引擎、输入关键词和网络返回所需信息”整个搜索流程，用户搜索到的内容是机器根据无数用户的搜索记录进行统计分析后返回的与其匹配度最高的目标信息。同时，这一次的搜索行为也已经被机器记录到它庞大无比的数据库中，用于更好地了解用户的搜索习惯和需求。

2.1.1 机器学习的定义

机器学习是人工智能的核心，是使计算机具有智能的根本途径。

机器学习是一门多领域交叉学科，它专门研究计算机怎样模拟或实现人类的学习行为，以获取新的知识或技能，或重新组织已有的知识结构，使之不断改善自身的性能。

2.1.2 机器学习的应用

机器学习在诸多领域都有实际的应用场景，下面以“员工招聘”为例进行简单介绍。

在招聘员工的过程中，招聘经理需要浏览大量格式不一、内容多样的简历，工作重复性高，浏览时易产生视觉疲劳，从而遗漏优秀的候选人。机器学习则可以在很大程度上为此提供帮助。

以凯业必达（CareerBuilder）招聘网站为例，该公司利用机器学习收集并分析了 230 万个工作岗位、3.1 亿份独立简历、1 000 万个职位名称、13 亿项技能和 250 万份背景调查，为招聘企业筛选出岗位匹配度更高、更为优质的面试人选，成功地提高了企业找到合适聘用者的概率。

据统计，行业聘用概率的平均水平为约 150 份的简历浏览量能获得一位合格聘用者。凯业必达网站进行分析后，将平均简历浏览量减少至 75 份。同时，该系统还可以自动创建职位描述，甚至根据应聘者的行业和地点来推荐其合适的企业。

2.2 计算机视觉

飞速发展的现代科技给人们的生活方式带来了空前的影响，如图 2-1 所示，“智能垃圾回收站”“刷脸支付”“自动驾驶”等功能场景逐渐出现在人们的生活中。

是什么让智能机器“看见”世界呢？计算机视觉可以给我们解答。

图 2-1 智能垃圾回收站

2.2.1 计算机视觉的定义

神话中二郎神的第三只眼穿透千里，孙悟空的火眼金睛闪耀灼灼光芒，现实中人类的双眼可感受大千世界与神奇万物，那计算机中的世界是怎么样的呢？

计算机视觉（Computer Vision），是一门研究如何使机器“看”的科学，它可以用摄像机和电脑代替人眼，对目标进行识别、定位、跟踪和测量。

计算机视觉作为机器人的双眼，它的主要任务是通过对采集的图片或视频进行处理，让计算机能够像人类一样来认识和了解世界。

2.2.2 计算机视觉的应用

计算机视觉在实际生产生活中有着众多的应用领域，如智能制造、智慧交通等领域都存在着它的应用场景。

1. 智能制造

智能制造是通过人工智能关键技术和机械制造设备的结合，从而诞生出的新型生产方式。例如基于计算机视觉的表面缺陷检测应用在制造业中已较常见。

19 世纪初，工业流水线大多依靠人工生产的加工方式，用工成本逐年增加，产品品控不稳定。人工智能出现后，国家要求智能制造工程技术人员能够运用人工智能领域的技术来解决智能制造的工程问题，如零件生产、零件检测等，其中也包括了计算机视觉的应用。应用计算机视觉的机器可以以毫秒为单位快速识别出产品表面更微小、更复杂的产品缺陷，还可检测产品表面是否有污染物、损伤或裂缝等，大大地提高了行业的生产效率。目前，已有企业将计算机视觉与 PVC 管材生产相结合，设计出能够用于检测实际生产中的 PVC 管材缺陷，图 2-2 所示为生产现场的 PVC 管材缺陷检测应用扫描图。

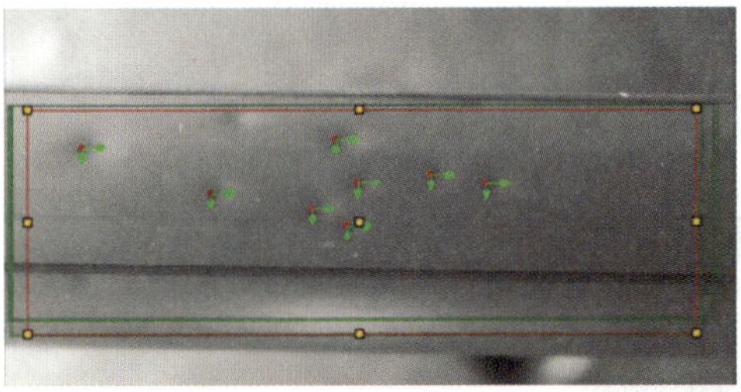

图 2-2　PVC 管材缺陷检测应用扫描图

2. 智慧交通

随着城市化发展，交通问题越来越严重，传统的解决方案已无法满足新的交通问题，因此，智慧交通应运而生，并渐渐融入人们的生活之中。

智慧交通旨在通过监控、监测、交通流量分布优化等技术，完善公安、城管、公路等监控体系和信息网络系统，建立以交通诱导、应急指挥、智能出行、出租车和公交车管理等系统为重点的、统一的智能化城市交通综合管理和服务系统建设，确保交通运输安全、畅通。

例如，如图 2-3 所示的共享单车，在方便市民出行的同时，无序停放、点位堆积等影响市容市貌、影响交通秩序的问题陆续显现。而共享单车序化管理系统不仅可以监测到各点位的车辆数据，还能统计车辆的使用率、闲置率和废弃率，车企通过系统进行车辆管理，及时清理废弃车辆，确保所有车辆得到合理使用。

图 2-3　整齐停放路边的共享单车

如图 2-4 所示的智能车载导航，通过智慧交通为人们提供良好的出行体验。导航系统可采集车辆周围环境信息，并实时监控车辆运行状态，从而向驾驶人提供路况预警、线路规划及停车引导等信息。交警还能利用系统对发生事故或者是遇到险情的车辆进行应急处理。

除此之外，智能红绿灯、智慧公交等生活场景也都离不开智慧交通的应用。

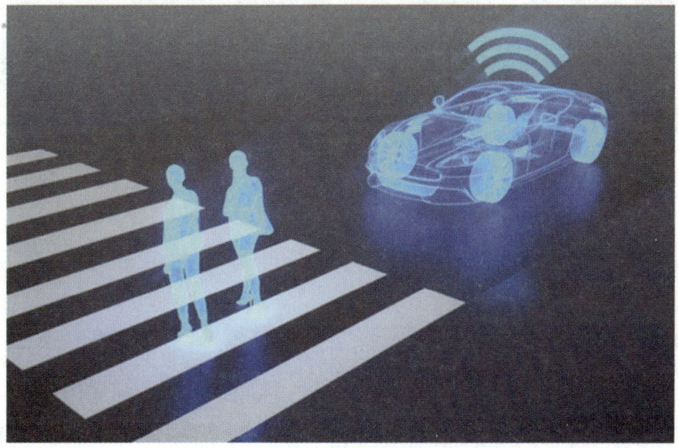

图 2-4　智能车载导航监控模拟

如图 2-5 所示，车牌识别工作系统作为智慧交通的重要组成部分，经过十多年的试验和发展，以及技术的不断提升。目前，车牌识别技术已经形成了完整的识别体系，能够在不同的环境、光线、天气下进行准确、快速识别。同时，它也大量应用于智慧车辆管理领域，能够高效地管理车辆的进出和数据信息采集，方便用于智慧交通的大数据分析和运用。

图 2-5　车牌识别工作系统

2.3　自然语言处理

知识要点：自然语言处理技术.ppt　　微课：自然语言处理技术

自然语言处理是人类语言和机器语言之间沟通的桥梁，有了自然语言处理，计算机才能“明白”人类发出的命令。

2.3.1　自然语言处理的定义

自然语言处理（Natural Language Processing，NLP）是计算机科学领域与人工智能领域中的一个重要方向，

小智直播间

主要研究如何实现人与计算机之间用自然语言进行有效通信的各种理论和方法。

通俗来讲，自然语言处理就是用人工智能来处理、理解以及运用人类语言。因此，只有当计算机具备了处理自然语言的能力时，才算实现了真正的智能。

2.3.2 自然语言处理的应用

自然语言处理对计算机和人类的交互方式产生了很重要的影响。目前，自然语言处理的应用领域包括了信息提取、文本生成、智能问答、机器翻译、文本挖掘及舆论分析。接下来，我们将简单介绍自然语言处理的部分应用场景。

1. 电子商务

电子商务是目前在互联网相关产业中最为重要的环节之一，其早已深入人们的日常生活当中。

自然语言处理渗透在电商行业的各个环节中，如智能商品管理系统——系统提取电商平台网页上的产品信息，并将其进行理解和聚类处理，从而将产品自动分类，并根据不同的规则为产品打上标签，使货物的检索功能更加准确，给消费者提供合适且有效的产品推荐服务；再如情感分析引擎——系统通过解析消费者在电商平台中的留言内容，对消费者的情感进行分析，如图 2-6 所示，进而更加准确地理解消费者的行为和情绪，可以更具针对性地进行消费引导。

图 2-6 情感分析引擎模拟简图

2. 财务管理

财务管理系统普遍应用于各行各业。在财务管理领域，自然语言处理能够对业务人员报账涉及的业务活动进行辅助检查，也能辅助商务合同审核，寻找可疑的财务风险点等等。目前，智能化的财务管理系统依靠人工智能关键技术，以更加即时化、人性化和智能化的服务，不断提高企业中财务管理的效率、效果和效益。

2.4 知识图谱

2.4.1 知识图谱的定义

知识图谱是一个将现实世界映射到数据世界的语义网络，它可以将海量知识及其相互联系组织在一张大图中，用于知识的管理、搜索和服务。知识图谱利用可视化的图谱形象地展示学科的核心结构、发展历史、前沿领域以及整体知识架构，达到多学科融合的目的。

通过知识图谱，机器不仅能够找到复杂数据之间潜在的关联，并用人类能够理解的形式进行表达，而且形成了一种更好的组织、管理和利用海量信息的处理方式。

2.4.2 知识图谱的应用

1. 基于法律知识图谱的智能庭审辅助

司法领域所运用的知识图谱，即为相关法律人员将大量的法律法规、过往案例等法律内容进行标签分类，分析形成的可针对案件进行辅助决策的法律知识图谱。智能庭审辅助系统可利用知识图谱的知识，对知识进行分析处理，为用户决断提供支持。它可在利息、损害赔偿额计算等简单事项中，代替法官的人工计算，也具有同类案例和审判资料智能推送功能，为法官的判决提供更具说服力的理论支持。

随着群众法律意识的不断提高，民间矛盾案例数量大幅上升，“案多人少”矛盾成为了法院迫切需要解决的问题。尤其在基层法院，“案多人少”在一定程度上影响到审判质效和司法公信。如图 2-7 所示，智慧庭审帮助群众自主完成案件分析、案件上报等流程，通过远程的“云法庭”减少当事人的经济负担，同时也避免了因为路程远和其他不可抗因素造成的不能亲临现场的现实问题。

图 2-7 “线下”转“线上”的法律咨询方式

2. 基于百度知识图谱的一键搜索

百度知识图谱是一个宏大的数据模型，可以构建庞大的“知识”网络，包含世间万物构成的“实体”以及它们之间的“关系”。人们通过百度搜索引擎，即可一键搜索出图文并茂的，具有发散性拓展属性的知识内容。

2021 年，百度知识图谱在通用和行业图谱数据建设层面累积了 50 亿实体和 5500 亿事实，其搜索引擎日均响应为 400 亿次请求。

基于百度知识图谱的一键搜索，系统不再拘泥于输入内容的字面本身，更像是拥有透视镜，能够准确地捕捉到用户的真正搜索意图，并以此来进行搜索，能更为精准地找到用户需要的完整资料。

2.5 语音处理技术

通过声音交流来交换信息，已成为人们生活交往中不可缺少的一部分。在如今信息传播高度发达的社会生活中，人们更倾向于用数字化的方法进行语音传送和储存识别。语音传递信息也是整个数字化通信网中最重要、最基本的组成部分之一。

小智直播间

2.5.1 语音处理技术的定义

语音处理技术是以研究语音发声过程、语音信号的特性统计、语音感知以及语音的机器合成等各种处理技术的总称，可用于语音降噪与增强、语音识别、语音唤醒及语音合成等技术领域，我们将在单元 10 具体介绍这 4 种技术的原理及其应用案例。

2.5.2 语音处理技术的应用

随着人工智能在生活领域及客服领域的深度应用，智能客服系统也在不断升级，并逐步进入了智能客服新时代。在此背景下，智能客服系统也在不断地适应新趋势，积极地打造优秀智能客服产品，以更好地服务用户。

语音处理技术赋能的智能客服能够和用户以语音方式实现交互，其功能包括：语音识别、语音合成及智能语音呼入与外呼。例如，语音合成器广泛应用于新闻阅读、出行导航及通知播报等场景；如图 2-8 所示，人们在日常沟通中也可使用语音进行交流，实现语音信息存档及语音转文字等功能。

图 2-8　语音软件在沟通中的应用

2.6 智能机器人

机器人（Robot）一词的出现，以及世界上第一台工业机器人的问世都只是近几十年的事，而人们对于机器人的幻想与追求却已有上千年的历史。如图 2-9 所示，人类希望制造一种像人一样的机器设备，以便替代人类完成更多的工作。

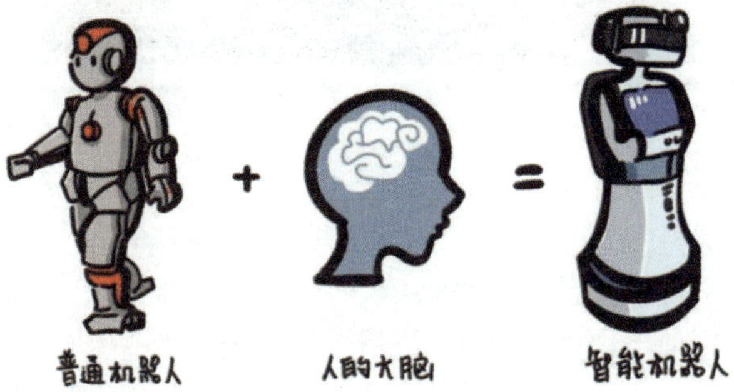

图 2-9　人类关于智能机器人的设想

2.6.1　智能机器人的定义

自 1959 年世界上第一台工业机器人问世以来，关于智能机器人的研究就在不断地发展。当下的智能机器人，已然是一种集机械、电子、控制、计算机、传感器及人工智能等多学科先进技术于一体的现代制造业重要的自动化装备。人工智能的发展与智能机器人的发展相得益彰。因此，当机器人配备了人工智能领域技术——拥有了计算机视觉、自然语言处理等技术后，它才逐渐成为了真正的智能机器人，能够为人类提供更高质量的服务。

2.6.2　智能机器人的分类

根据智能机器人的应用环境，智能机器人被分为工业机器人和服务机器人，如图 2-10 所示。

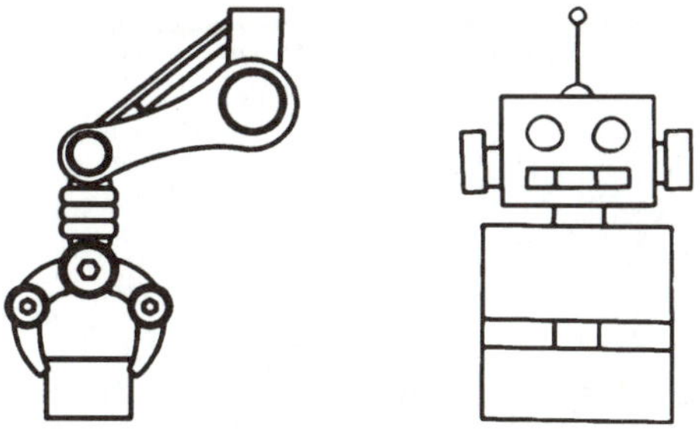

（a）工业机器人　　（b）服务机器人

图 2-10　智能机器人的分类

如图 2-11 所示，在现代化工厂车间，整齐划一的智能机械手代替了人工生产流水线，进行着有条不紊的重复性生产工作，此类机器人称为工业机器人。

图 2-11　代替人工的智能机械手流水线

如今，工业机器人的工作范围更是囊括了焊接、喷涂、装配、搬运、堆垛、打磨、涂胶、分拣、包装、检测、上下料等几十种工艺，其应用领域也正在从传统制造业如汽车制造、电子制造方向转向新能源、高端装备等新兴领域。

在日常生活中，为行动不便的老年人提供扫地、拖地、运送服务的机器人，以及交通枢纽中提供咨询服务的机器人等称为服务机器人，如图 2-12 所示，它们都在很大程度上改善了人们的生活。

由于服务机器人的工作性质在于服务，其一般可根据使用者及使用环境的不同情况分为两大类：一类是个人或家庭用的服务机器人产品，另一类是专业服务机器人。在单元 11 中，我们将会具体讲解自动送餐服务、酒店导航服务及智能旅游服务机器人的工作原理及使用场景。

图 2-12　服务型家庭机器人

2.7　人工智能知识的简单表示

2.7.1　知　识

世界上任何学科均有其特定的研究对象，对于人工智能学科而言也是如此。人工智能学科的研究对象是知识，因为对人工智能的研究都是围绕知识而展开的，如知识的概念、知识的表示、知识的组织管理、知识的获取、知识的应用等，它们构成了整个人工智能的研究内容。

在计算机科学技术学科中，知识，指的是问题求解所需信息的总和，其中，信息是经过整理的、结构化的。知识是人们在长期的生活及社会实践中、科学研究及实验中积累起来的对客观世界的认识与经验，人们把实践中获得的信息关联在一起，就获得了知识。

信息之间有多种关联形式，其中用得最多的一种是用“如果……，则……”所表示的关联形式，它反映了信息间的某种因果关系。例如，我国北方的人们经过多年的观察发现，每当冬天要来临的时候，就会看到有一批批的大雁向南方飞去，于是把“大雁向南飞”与“冬天就要来临了”这两个信息关联在一起，就得到了如下一条知识：“如果大雁向南飞，则冬天就要来临了”。可见，知识反映了客观世界中事物之间的关系，不同事物或者相同事物间的不同关系形成了不同的知识。

如图 2-13 所示，知识主要具有以下 3 个特性：

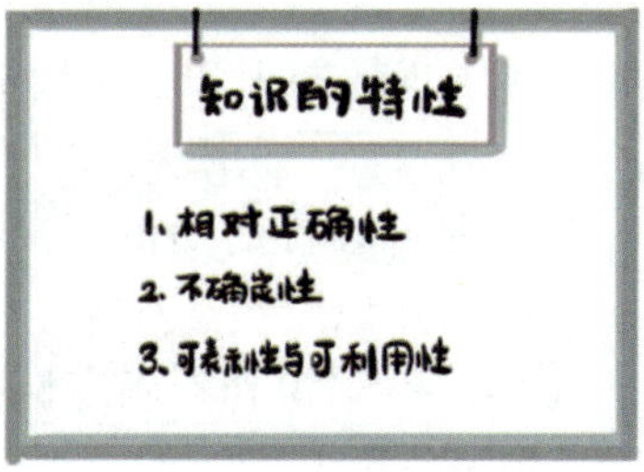

图 2-13　知识的特性

1. 相对正确性

知识是人们对客观世界认识的结晶，并且又受到长期实践的检验。因此，在一定的条件及环境下，知识一般是正确的，可信任的。这里，“一定的条件及环境”是必不可少的，它是知识正确性的前提。因为任何知识都是在一定的条件及环境下产生的，因而也就只有在这种条件及环境下才是正确的，在人们的日常生活及科学实验中可以找到很多这样的例子。如，牛顿第一定律只适用于惯性参考系，在高速或微观的环境下牛顿第一定律就不成立了；再比如，“$1+1=2$”这是一条妇孺皆知的“正确”知识，但它也只是在十进制的前提下才是“正确”的，如果是二进制，它就“不正确”了。

2. 不确定性

知识是有关信息关联在一起形成的信息结构，“信息”与“关联”是构成知识的两个要素。由于现实世界的复杂性，信息可能是精确的，也可能是不精确的、模糊的；关联可能是确定的，也可能是不确定的。这就使得知识并不总是只有“真”与“假”这两种状态，而是在“真”与“假”之间还存在许多中间状态，即存在为“真”的程度问题，知识的这一特性称为不确定性。例如，对于“如果头痛且流涕，则有可能患了感冒”这一条知识来说，其中的“有可能”实际上就是反映了“头痛且流涕”与“患了感冒”之间的一种不确定的因果关系，因为具有“头痛且流涕”的人并不一定都是“患了感冒”，因此它是一条具有不确定性的知识。

3. 可表示性与可利用性

知识是可以以适当形式表示出来的，如用语言、文字、图形等，正是由于它具有这一特性，所以它才能被存储并得以传播。至于它的可利用性，这是不言而喻的，每个人天天都在利用自己掌握的知识解决所面临的各种各样问题。

对知识从不同角度划分，可得到不同的分类方法，下面讲解如图 2-14 所示的较为常见的几种分类方法。

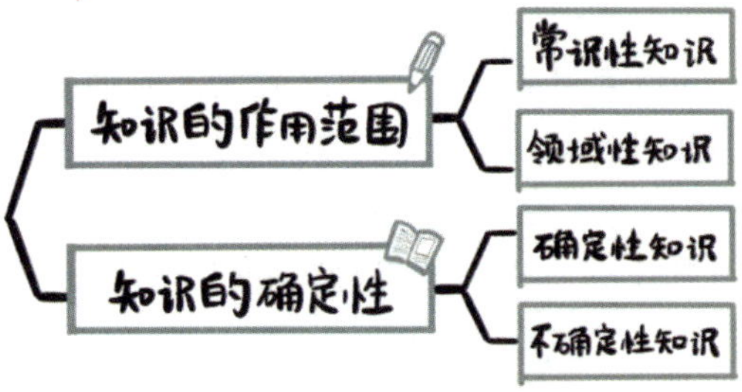

图 2-14　知识的分类方法

（1）按作用范围分类，知识可分为常识性知识和领域性知识。常识性知识是通用性知识，是人们普遍知道的知识，适用于所有领域，如“太阳从东方升起”“一年有四个季节”等。领域性知识是面向某个具体领域的知识，是专业性的知识，只有相应专业的人员才能掌握并用来求解领域内的有关问题，如疾病诊断的知识。

（2）按确定性分类，知识可分为确定性知识和不确定性知识。确定性知识是指可指出其真值为“真”或“假”的知识，它是精确性的知识，如“水分子的化学式是 H_2O”。不确定性知识是指具有“不确定”特性的知识，它是对不精确、不完全及模糊性知识的总称，如“今天是阴天，可能会下雨”。

2.7.2　人工智能的知识表示

为了使计算机具有智能，使它能模拟人类的智能行为，就必须使它具有知识。但知识是需要用适当的模式表示出来才能被存储到计算机中去的，因此关于知识的表示问题就成为人工智能中一个十分重要的研究课题。

在计算机的发展史中，数的二进制表示使数据得以在计算机中存储、运算；字符串、图像、声音等非数值信息的表示成功使得信息处理获得迅速的发展，促成了管理科学的现代化；计算机高级语言的出现和发展不仅使得计算机的应用得以进一步的普及，促进了各种学科的发展，而且也加快了计算机科学及工程自身的前进步伐。在其他学科领域中，一般也都有相应的表示形式。例如数学中的数字表示形式、函数表示形式、微积分符号等；化学中的化学元素符号、分子式等。

由此可见，任何需要进行交流、处理的对象都需要用适当的形式表示出来才能被应用，对于知识当然也是这样。人工智能研究的目的是要建立一个能模拟人类智能行为的系统，为达到这个目的就必须研究人类智能行为在计算机上的表示形式，只有这样才能把知识存储到计算机中去，供求解现实问题使用。

有了上述的一些基本认识后，就可以说明什么是知识表示及其表示方法了。

知识表示指的是利用计算机能够接受并且进行处理的符号和方式来表达知识。对知识进行表示的过程就是把知识编码成某种数据结构的过程。

知识表示方法又称为知识表示技术，其表示形式称为知识表示模式。

在人工智能领域里，知识表示的主要目标为储存知识，让程式能够处理，达到人类的智慧。经过国内外学者的共同努力，已经有许多知识表示方法得到了深入的研究，两种较为常用的知识表示方法为谓词逻辑表示法和产生式表示法。

学习总结

我的学习收获

我的心得体会

我的学习拓展

学习评价表

单元名称：__________________ 学习者姓名：__________________

个人评价	
教师评价	
评价反馈	

单元3 人工智能赋能党建与传统文化

——让人民学习科技随行

本单元将介绍“智慧党建”的应用场景，并通过 VR 党建、AI 党员管理、AI 识古籍文字等应用案例，深入讲解人工智能如何赋能党建和传统文化。

学习目标

1. 了解智慧党建的应用背景。
2. 掌握人工智能在党建中的应用。
3. 掌握人工智能在传统文化中的应用。

单元导读

信息技术创新日新月异，数字化、网络化、智能化深入发展，在推动经济社会发展、促进国家治理体系和治理能力现代化、满足人民日益增长的美好生活需要方面发挥着越来越重要的作用。中国共产党的领导是中国特色社会主义最本质特征，是中国成就的根本原因。如图 3-1 所示雷锋纪念馆数字展厅，在信息化已经步入智能时代的大背景下，党建文化引入人工智能打造服务群众的智慧家园意义重大。

图 3-1　雷锋纪念馆数字展厅

如图 3-2 所示，数字化是古籍再生性保护的重要手段。随着人工智能的发展，机器可以使用 AI 扫描录入古籍的文字照片，并将其数字化。科技与文化的结合，不仅有利于保护古籍，还使古籍能够更加方便地被学者研究。

图 3-2　AI 识别古籍文字

单元知识

3.1 智慧党建的应用背景

人工智能作为科技时代的前沿技术和数字时代创造的新兴文明，正在深刻改变着人们的生产生活方式。随着科技的日趋进步，人工智能可以通过传统机器学习、深度学习等技术手段实现对人类智能的模拟和拓展，更好地服务于党的建设的客观需求，为党的建设提供各种方式的创新。

如何将“人工智能 + 党建”更好地融合，并服务于人民，也是党建工作的方向之一。“人工智能 + 党建”的结合方式利用了智慧理念、智慧技术和智慧手段，使服务与党建相融合，产生了一加一大于二的作用。

将信息技术应用到党建工作中，既是信息化时代发展的需要，也是党建工作改革创新不可或缺的重要成分。人工智能赋能党的建设，已经成为一个大趋势、大方向。

小智直播间

3.2 人工智能在党建中的应用

新时代推进“人工智能 + 党建”意义重大，通过“人工智能 + 党建”，党建工作可以把“无形”资源转化成“有形”的服务。

近年来，各地在党建创新方面开展了诸多尝试，党建信息化经历了不断升级换代的过程。从建立党建平台，提供数据管理、过程管理、质量管理、追踪管理等服务，构建党建数据、研判、管理、考核综合枢纽，为基层党建工作奠定分析研判基础，探索建立干部、人才数据分析模型，深度挖掘和综合比对党员、干部、人才信息，为领导决策提供依据。从开通微信微博，再到部分地区运用云计算、大数据等技术，实现党建与党务融通、政情与民情互联，新技术的应用为党建创新注入了新动力。

通过人工智能领域的相关技术，人们可以打破时空限制，有效地优化党建工作的各个环节，使党建从现实世界扩展到网络空间，有利于促进党建工作在开放式体系中释放出最大的能量。

3.2.1 VR 党建展厅

综合型数字党建展厅面向机关单位职员、党员、干部、社会人士等群体，以虚拟现实（VR）、增强现实（AR）等数字创意进行集成与融合，使观众沉浸在特定的视听空间内。

与传统的平面显示方式不同，VR 技术使用户的体验更加全息化、立体化。通过 VR 技术，展厅可以再现红色革命场景，为党员干部提供体验式参观游览、革命历史知识学习、革命传统精神教育等，营造浓厚党建氛围，进而增强党组织的号召力、凝聚力、战斗力和创造力。

2021 年 5 月 8 日，在寻乌调查旧址建筑前，由“学习强国”学习平台发起、科大讯飞全程支持的“长征路、强国梦”党史大篷车正式启航，开始全国巡展。党史大篷车携带讯飞自主创新的人工智能技术，利用图文、视频、AI + VR 互动等全媒体手段，通过箱体 5 块大屏幕轮回播放中国革命的摇篮南湖红船、七届三中全会、十一届三中全会、新发展理念、人工智能新动力等近百个学习视频，从历史、政治、外交、科技等多个角度带领现场群众在声影中重温建党历史与建国征程。

3.2.2 “学习强国”学习平台——AI 党员管理

人工智能通过“大数据 + 深度模型”使得党建工作不仅仅停留在数据整合、数据汇总层面，而是随时随地将相关数据进行深度处理，从而为党员是否真正做到在政治上坚定立场和方向、在思想上提高认识和品质提供精准的辅助测评、判断和预测。

如图 3-3 所示，“学习强国”作为由中共中央宣传部主管，以宣传习近平新时代中国特色社会主义思想和党的十九大精神为主要内容，立足全体党员、面向全社会的优质平台，完成了全国范围内党政机关单位以及政府部门类用户的组织架构信息收集，利用人工智能、大数据等信息化技术搭建出全国统一的政府端协同办公平台，推进党建信息化工作，使得党建工作省时、省力、清晰、高效。

图 3-3 “学习强国”平台

在这个信息化迅猛发展的时代，“学习强国”平台能够高效抓取党员学习教育的关注点、敏感点和兴趣点，从而有针对性地改进方式方法、创新载体平台、规范制度体系，使党员教育紧跟时代的步伐，富有时代性和体验感。

“用人工智能‘算’党员思想状况”，满足了党员教育入脑入心的要求，实现了党建数据信息的智慧使用，切实推动了党员政治素质与思想意识的真正提升与共同促进，让党组织在政治引领与思想建设中更加有的放矢，让党建工作更加精准、务实，带领群众坚定不移听党话、跟党走。

3.3 人工智能在传统文化中的应用

知识要点：人工智能在传统文化中的应用.ppt

微课：人工智能在传统文化中的应用

中华优秀传统文化源远流长，内涵丰富。如何更好地继承、传播、创新中华优秀传统文化，使之历久弥新，发扬光大，是新时代文化工作者的使命。而人工智能在传统文化中的应用，能够促进中华优秀传统文化的继承与创新，拓宽和升级了中华优秀传统文化的传承创新的路径。

人工智能在传统文化中到底是如何应用的呢？

3.3.1　AI 识古籍文字

如图 3-4 所示，利用现代信息技术对古籍文献进行加工处理，使其转化为电子数据形式，即为古籍数字化。古籍数字化的尝试由来已久，而难度大、成本高等问题，导致古籍数字化无法形成规模效应，总体进程缓慢。

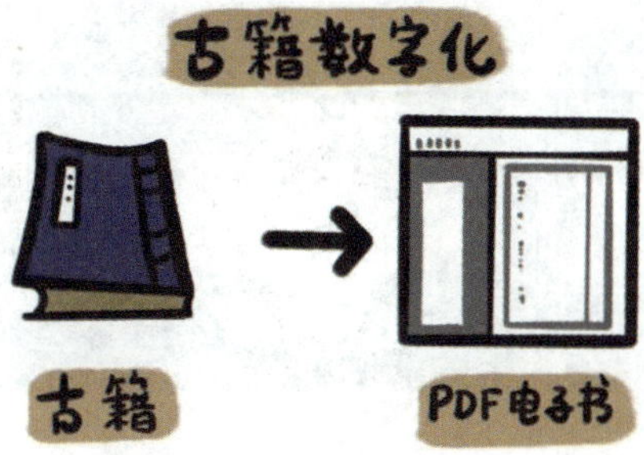

图 3-4　古籍数字化

古籍文字的字类多、字体多样，外加流传过程中容易被损坏，后人再研究时，识别难度会越来越高。由于完好古书的数量并不大，导致机器缺乏充足的训练数据，常规方法高度依赖人工，几乎需要专业人员逐字标注。即便这些古籍足够幸运，能够完好地保存至今，也不能够随意借阅。有测试表明，一部宋元古籍，离开专用书库，置于普通阅览室中供人翻阅一小时，其寿命就会缩短数月。

如图 3-5 所示，通过运用数字化的手段，人们可以利用现代信息技术对古籍文献进行加工处理，使其转化为电子数据形式，通过光盘、网络等介质让古籍得到保存和传播。

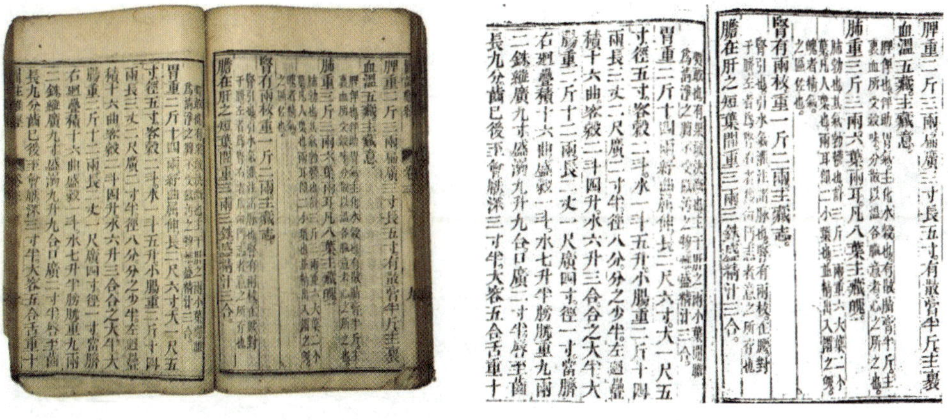

图 3-5　AI 识古籍文字示例

小思考：常规的古籍数字化流程是什么样的？

常规的古籍数字化流程分为几大环节：采集侧（纸质书变为电子扫描版）—数字化生产侧（电子扫描版变为文字版）—应用侧（文字版变为古籍研学系统，涵盖检索、字典、知识图谱等功能）。

3.3.2　熊猫机器人上春晚

如图 3-6 所示，“大熊猫都能说相声了，大熊猫都能讲笑话了，大熊猫都能写书法了，大熊猫都能下象棋了！”央视在大年初一播出的 2022 新春相声大会节目《名片》中，许多青年相声演员都被首次担任相声演员的搭档——熊猫机器人“优悠”给“拿捏”住了。

图 3-6　熊猫机器人—优悠

在憨态可掬的外表下，熊猫机器人“优悠”向主持人发出了一连串关于年龄、收入、存款的灵魂拷问，又凭借古灵精怪的回答让主持人惊叹不止。不仅如此，“优悠”还现场表演起了国风十足的太极拳。

这是新春相声大会首次启用人形机器人作为相声演员，引进这张中国传统文化与前沿科技完美融合的新“名片”。在“优悠”身上，人们看到了中国传统文化与前沿科技的完美融合。

小智直播间

2021 年 10 月 1 日迪拜世博会开幕以来，熊猫机器人“优悠”担任中国馆的“和平友好使者”的四个多月里，接待了近 100 万来自世界各地的参观游客和近 40 个国家地区的政企商界 VIP 参访团。在中国馆的智慧生态分展区，它不仅担任智能导览讲解员，工作间隙还向大家展示富有中国传统特色的太极、书画等才艺，热情与游客握手、比心，向世界传递友好的中国 AI 形象。

科学技术的进步使传统文化的保护和开发越来越便捷高效，智能技术应用是当代传统文化产业化开发的有效方式之一。如图 3-7 所示，国家鼓励以智能技术为手段，开展传统文化资源的深度挖掘、个性化展示、精准传播与智能服务，解决传统文化在保护和产业开发中遇到的问题，最终通过智能技术创新传统文化资源，拓宽其产业价值链，以此促进中华优秀传统文化的创造性转化和创新性发展，使其更好地服务社会，让人们能够更为便捷地接触、享受传统文化。

图 3-7　AI 与传统文化相结合

学习总结

我的学习收获

我的心得体会

我的学习拓展

学习评价表

单元名称：____________________ 学习者姓名：____________________

个人评价	
教师评价	
评价反馈	

单元4　人工智能计算机视觉赋能制造

——让制造迈向智造

本单元将学习了解计算机视觉的概念，并基于计算机视觉的基本任务——图像分类和物体检测，展开介绍这两项任务的定义及应用，以此掌握计算机视觉在智能制造行业中的部分实际应用。

学习目标

1. 了解计算机视觉的概念。
2. 掌握图像分类的定义和应用。
3. 掌握物体检测的定义和应用。

单元导读

人工智能的一大特点是对人的思维过程的模拟。如表 4-1 所示，在人工智能领域中，人工智能实现的不同功能模拟了人类对应的不同能力。未来，人工智能实现的现代科技产品将承载着更为多样的人类智慧。

表 4-1　人工智能领域技术模拟的对应人类能力

人工智能领域技术	人类能力
机器学习	“学习”的能力
计算机视觉	“看”的能力
自然语言处理	“读”的能力
语音识别	“听”的能力
语音合成	“说”的能力

人工智能从代替苦、脏、险、累的繁杂劳动进化为可以对人的意识及思维过程进行模拟，使得传统产业“有中出新、层出不穷”与新业态“无中生有、一日千里”交织演进。普通的人工智能如扫地机器人、快递分拣机器人、生产流水线上的机器人等，它们难以和人类进行互动，只能听从人类指挥，而高级人工智能机器人可以和人类进行交流，并在接收到人类指令时，能针对不同情况来做出相应的行为应答。

在传统制造企业实现数字化、智能化转型的道路上，人工智能将如何助力制造行业呢？

单元知识

4.1　计算机视觉概述

计算机视觉是一门研究如何使机器学会“看”的科学，进一步地说，它是一门用摄像机和电脑代替人眼对目标进行识别、定位、跟踪和测量的科学。据统计，人类获取外界信息有80%是通过“看”所获得的，由此可见，计算机视觉在模拟人类智能中有着极大的重要性。

计算机视觉的主要任务是通过对采集的图片或视频进行处理，以获得相应场景的三维信息，其最终目标是让计算机能够像人一样通过视觉来认识和了解世界。如在实现手势识别的过程中，如图 4-1 所示，计算机可通过摄像头捕捉手部图片，并进行手部信息识别。

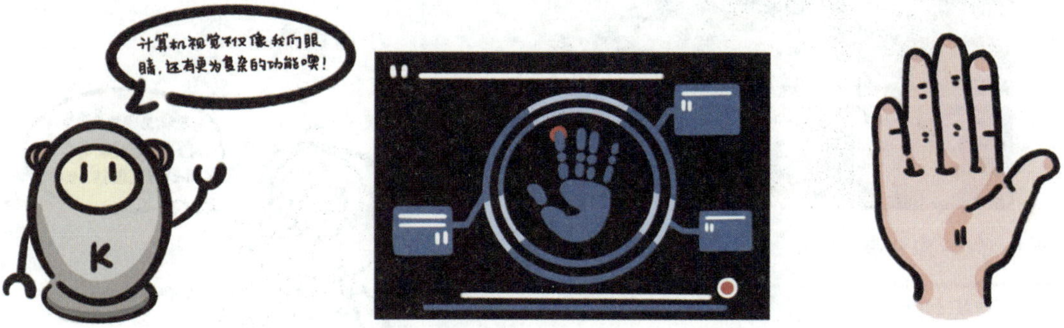

图 4-1　计算机视觉应用示例——手势识别

计算机视觉中有 4 大类任务，分别为分类、定位、检测和分割。

（1）“分类”解决“是什么？”的问题，即判断出一张图像或一段视频属于哪种类别；

（2）“定位”解决“在哪里？”的问题，即定位出特定目标的位置；

（3）“检测”解决“是什么？在哪里？”的问题，即定位出特定目标的位置，并判断出该目标属于哪个类别；

（4）“分割”解决“每一个像素属于哪个目标物或场景”的问题。

4.2　图像分类

4.2.1　图像分类的定义

知识要点：图像分类的定义.ppt　　微课：图像分类的定义

图像分类指的是根据各自在图像信息中所反映的不同特征，将不同类别的图像区分开来的图像处理方法。图像分类是计算机视觉中的基础任务。按数据集的标签情况进行划分，图像分类有单标签和多标签两类情况。

单标签的图像分类问题可以分为跨物种语义级别图像分类、子类细粒度图像分类、实例级图像分类 3 大类别，如图 4-2 所示。

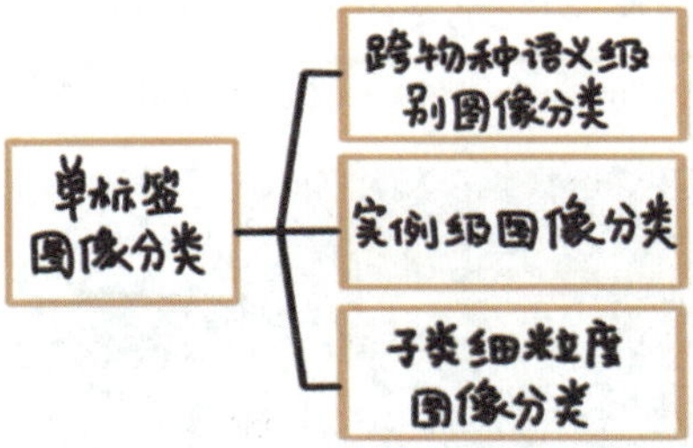

图 4-2　单标签图像分类的类别

1. 跨物种语义级别图像分类

跨物种语义级别图像分类，指在不同物种的层次上识别不同类别的对象，即较粗略地区分两个物种。比较常见的分类任务包括猫狗分类等，如图 4-3 所示。但跨物种语义级别图像分类无法进行子类分类，它只能认出某一物种大类。

图 4-3　跨物种语义级别图像分类中的猫狗分类

2. 子类细粒度图像分类

子类细粒度图像分类指的是同一个大类中的子类的分类，如不同鸟类、犬类或花卉的品种分类等。相对于粗粒度图像，细粒度图像具有更加相似的外观和特征。如图 4-4 所示，子类细粒度图像分类可识别并分类出图中 10 种不同的花卉品种，但它无法分类同一物种中的不同个体。

小智直播间

小智直播间

图 4-4　花卉分类

3. 实例级图像分类

实例级图像分类相较于前两者更为精细，不仅仅是区分物种类或者子类，它可用于区分同一子类中的不同个体。其中最典型的分类任务就是人脸识别，如图 4-5 所示，人脸识别通过识别独立个体的面部特征，从而鉴定个体身份，完成智能人脸考勤等任务。

图 4-5　智能人脸识别闸机

4.2.2 图像分类在智能制造中的应用

图像分类在实际生产生活中的应用十分广泛，如智能花卉识别、智能农作物病虫害识别、海量图像标签分类、拍照识车等。下面以“工地车辆轮胎清洁度识别”为例，讲解图像分类在智能制造中的实际应用。

在工地的生产、制造及施工的过程中，车辆运输材料来来往往扬起的尘土，使空气变得污浊，道路泥泞不堪。为了减少施工污染，加强文明施工，国家制定了相关法律法规，要求施工现场设置车辆冲洗设施，出入车辆必须进行全面冲洗工作。

由于施工地点数量庞大且分散，施工现场经常存在冲洗时间不够、车轮多处遮挡不易冲洗干净等问题，导致车辆常常携泥水上路，如图 4-6 所示。因此，通过人工智能实现施工现场的高效监管，对于减少施工造成的污染具有重要意义。

图 4-6

某公司基于图像分类等人工智能在计算机视觉领域的技术，建立了一套工地车辆轮胎清洁度的快速智能识别系统，具体流程如下：

第 1 步：使用摄像头抓拍工程车辆的车轮，采集工地上出入车辆的轮胎清洁度图像，建立车辆轮胎清洁度数据集，并分类为“车辆轮胎清洁合格”“车辆轮胎冲洗不足”两类，共 7700 张，如图 4-7 所示。

（a）车辆轮胎清洁合格

（b）车辆轮胎冲洗不足

图 4-7 车辆轮胎清洁度数据集示例

第 2 步：构建车辆轮胎清洁度识别模型，并持续进行训练，获得最优模型。

第 3 步：将最优模型部署在工地车辆轮胎清洁度检测系统中，并进行实地测试，测试效果不佳则继续训练，直到识别精确度达到预期为止，系统最终得到的车辆轮胎清洁度识别模型，准确率可达 99%以上。

第 4 步：进行模型的现场应用，通过智能检测系统对经过检测区域的车辆进行检测，判断车辆轮胎清洁度是否合格。

第 5 步：判断合格，则允许车辆经过，否则禁止车辆通行，并进行指示灯报警，发出车辆清洗指导意见。

工地车辆轮胎清洁度的快速智能识别系统实现了车辆轮胎清洁度的自动识别功能，提高了识别效率及准确性，降低了施工环境的污染程度。

4.3 物体检测

4.3.1 物体检测的定义

不同于图像分类，物体检测不仅要解决分类问题，还要解决定位问题，它不仅需要识别图像中是否包含某类物体或目标，还需要检测出物体出现在图中哪个位置，并给出物体定位。

4.3.2 物体检测在智能制造中的应用

近年来，物体检测不断拓宽领域，在实际生产生活中得到了较为广泛的应用，如图 4-8 所示，它被应用在智能交通监控、智能图像审核等场景中。

图 4-8 智能交通监控场景模拟

如图 4-9 所示，以制造业为例，我们将讲解物体检测在智能制造中的两类应用场景——零件瑕疵检测和工地安防监控，并展开学习这两类应用场景的实际应用案例。

图 4-9　物体检测的实际应用细分

1. 零件瑕疵检测

如图 4-10 所示，工业零件在制造完成的时候，需要检测其完整性和功能性，但车间质检流水线往往耗费大量人力物力，质检效率难以提升。除此之外，工人长时间在噪声超过耳膜承受频率的车间内工作，耳朵易受到严重损伤，甚至造成耳聋。

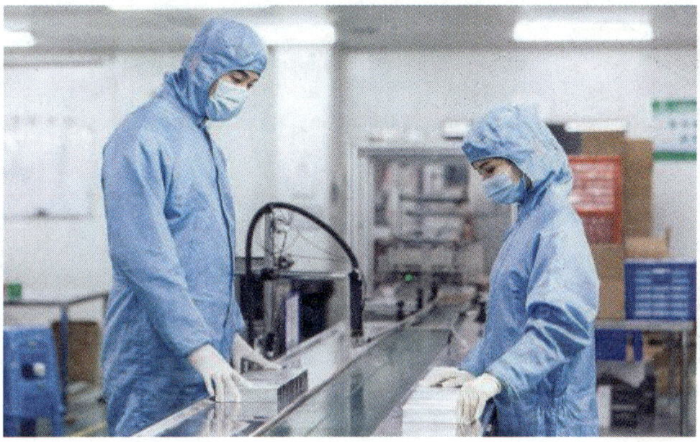

图 4-10　车间质检流水线工作

若使用基于物体检测的机器来代替人工，则大幅度优化了生产步骤，提高生产速度。机器能够更加精准地把关产品质量，还能 24 小时不间断地工作，甚至能在各种不适合人类工作的恶劣生产环境下进行高速在线检测，一台机器的质检数量相当于一个工人的两倍，其大大降低了生产成本。

下面将以“喷油器阀座瑕疵检测”和“箱包检针质检”两个案例为例，具体讲解物体检测在智能制造领域中零件瑕疵检测的应用。

小智直播间

【案例 1】　喷油器阀座瑕疵检测

（1）核心诉求

某公司是研发和制造喷油器的高新技术企业。该公司每日需要对 4 000 ~ 6 000 件喷油器阀座进行瑕疵检测，高峰时期需要检测 12 000 件。然而，目前的产品检测仅依靠人工肉眼来判断，效率过低，工人效率难以达到企业检测的日数量标准。因此该公司希望尽早借助人工智能释放一部分人力，以提升质检的审核效率。

（2）解决方案

公司依托智能开发平台训练得到“基于物体检测技术的‘喷油嘴识别’模型”，实现零件瑕疵判读无人化。通过人工智能解决方案，公司节约了近 50 万/年的人力成本，并将检验效率整体提高 30%。其具体检测流程如下：

第 1 步：根据质检目标，采集合格样品与瑕疵样品的数据集；

第 2 步：通过反复训练识别得到模型；

第 3 步：制定自动化检测方案；

第 4 步：软硬件实施部署，完成自动化检测方案，生成自动化检测系统；

第 5 步：用户通过自动化检测系统上传所采集的待测样品图像，通过“‘喷油嘴识别’模型”判定并输出相应的处理结果，最后由自动化检测系统将样品进行分类流转。

如图 4-11 所示，自动化检测方案能够识别出喷油嘴阀座的相关问题，包括黑点（black）、瑕疵（defect）、划痕（scratch）等。

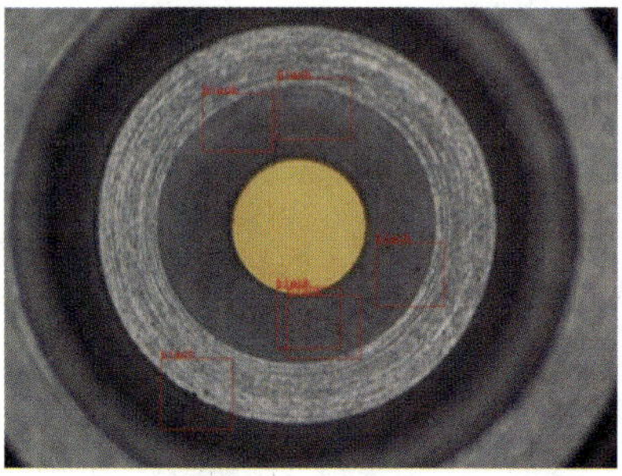

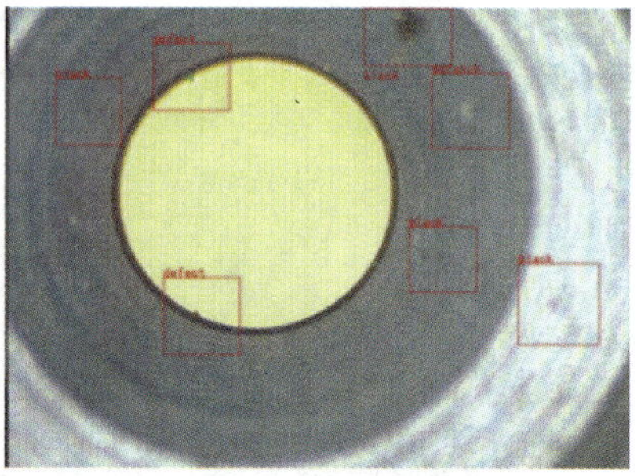

图 4-11　喷油嘴阀座瑕疵检测结果

【案例 2】　箱包检针质检

（1）核心诉求

国家规定进出口的服饰，鞋帽等相关产品均须经过质检，防止产品里有缝制过程中残留的断针、金属小物件等。

某公司每天需要检查货品十多万件，而公司原使用的传统的 X 光检针机（见图 4-12）仅能接收到 X 射线反射出的箱包内部影像信息，最终仍需人工肉眼判断箱包中是否含有金属异物、金属配件数量是否符合生产要求等问题，质检效率低，人力成本大。此外，长时间的重复工作易使作业人员用眼过度，注意力不集中，且作业人员经验水平参差不齐，也易导致部分不良品流出市场。因此该公司急需一种拥有极高准确性且不依赖人工能力的预警识别方案。

图 4-12　X 光检针机

（2）解决方案

该公司基于物体检测技术，使用约 1 000 张含有针、剪刀等异物的 X 光图像和 100 张含有金属部件的商品 X 光图像进行训练，获得可以在生产线上使用的“箱包异物识别”“箱包金属部件识别”两个模型，其可用于清点箱包里面有无危险品，并及时发出预警。

如图 4-13、图 4-14 所示，“箱包识别”模型改善了传统人工肉眼识别的方法，有效地提高了检针工作的效率与准确性，节省因不良品流出产生的额外成本，极大地提高了客户的满意度。其具体检测流程如下：

第 1 步：待检箱包通过 X 光检针机，并拍摄其 X 光图像；

第 2 步：将图像传输至系统后台，对其进行智能识别，返回相关参数，服务端做分析记录；

第 3 步：在检针设备端设置像素相似度、检针个数等参数，当返回参数与设置参数不符时，系统会自动发出警报。

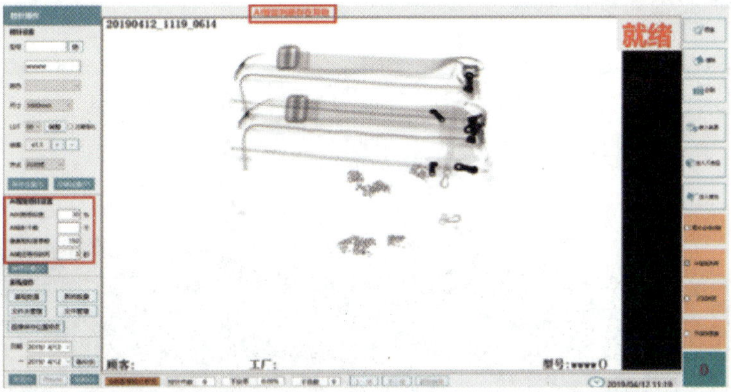

图 4-13　通过“箱包异物识别”模型判断箱包内是否含有异物

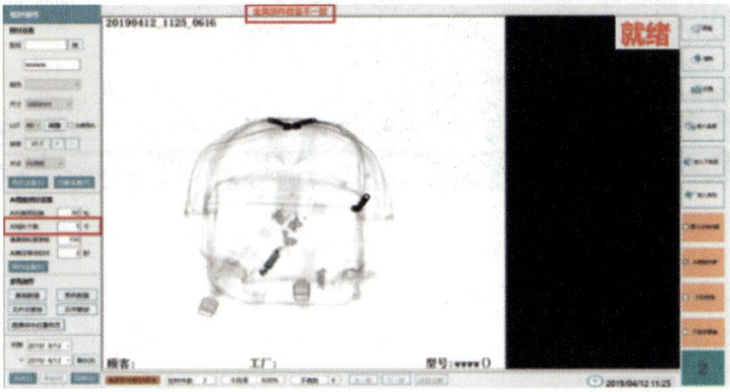

图 4-14　“箱包金属部件识别”模型识别箱包外金属配饰数量

2. 工地安防监控

员工在工作过程中易出现疲劳等客观上无法避免的情况。如某皮革公司的一位女员工在上夜班的过程中，犯困打起了瞌睡，大拇指一不小心卷进了机器中，可没有人听到她的呼救，最终导致手指截肢的惨状。

近年来，一些重大生产安全事故的发生大都由于企业安全意识不够强，而除了进行安全意识的素质培养，以提升个人的安全意识外，我们是否能够通过技术手段，进行智能监控和安防检测，从而预防事故的发生呢？

小智直播间

在智能安防监控场景中，工地安防监控能够对视频进行周界检测与异常行为分析，判断工作者是否在禁区内长时间徘徊、停留，能够监测人员奔跑、打斗等异常行为。

下面以某矿业公司、某供电局的智能化安全生产监控案例为例，简单介绍物体检测在安防监控方面的应用。

【案例 1】　矿业公司安防监控

（1）核心诉求

如图 4-15 所示，某矿业公司的矿区面积达 9 km^2，经营范围包括金银矿地下开采、金银矿石浮选、冶炼、矿产品购销等业务，职工达百余人。

图 4-15　矿业工作基地

公司受限于纯人工巡查的方式，无法对选矿厂各区域进行全天全时的监控，诸如人员着装不合规、机器空转、巡检人员脱岗等安全隐患时有发生。该矿业公司迫切希望建立一套能够全面覆盖主要生产风险点的智能化安全生产风险监控系统。

（2）解决方案

工人是否佩戴安全帽，传送带是否稳定运转，岗位上是否正常值班……所有情况都能通过监控自动监测并记录，这些都归功于基于定制化训练专项物体检测模型设计出的 AI 智能化安全生产风险监控系统，如图 4-16 所示，其包含“传送带空转检测”模型、“佩戴安全帽检测”模型等。

图 4-16　AI 智能化安全生产风险监控系统检测效果

实时监控可对员工的违规行为及生产安全潜在事故进行实时预警，如图 4-17 所示，机器可发出“未佩戴安全帽”的风险预警，并及时反馈给相关负责人，有效预测风险事件的发生，提升了选矿厂的生产效率及管理能力。

图 4-17　对生产安全潜在事故进行预警提示

【案例 2】　供电局安防监控

（1）核心诉求

在某供电局管辖范围内，输电线路约 4 500 km，基杆塔单元 16 000 余个，线路附近易发生外力破坏的施工点有 300 余处。为了确保输电线不被破坏，该供电局除了进行人工进场检查外，还在线路附近安装了百余套在线监测设备，对线路附近环境进行安全生产监控。

如图 4-18 所示，每日积累的现场图片约 5 万张，人工审核的工作量极其庞大，极易出现因工人过度疲劳而疏漏审核的情况，人工现场检查与人工审核监控图像两种解决方式都难以达到实时监控的目的。因此，公司非常需要一项能实时识别大型机车等外部安全隐患的图像技术。

图 4-18 人工审核量大、易疲劳

（2）解决方案

该供电局输电管理所提供 1 000 张输电线正下方存在大型机车的图像，最终获得“输电线路外部隐患识别”模型，如图 4-19 所示。该模型可以识别出输电线路中存在的吊车、挖掘机等外部隐患，识别准确率达到 80%，并且以 2～3 周/次的频率持续训练、更新模型，模型的识别准确率在不断提升。最后将出现安全隐患的图像进行排查，辅助以人工现场检查，确保输电线路安全运行。

（a）单物体识别效果

（b）多物体识别效果

图 4-19 “输电线路外部隐患识别”模型实现效果

学习总结

我的学习收获

我的心得体会

我的学习拓展

学习评价表

单元名称：____________　　学习者姓名：____________

个人评价	
教师评价	
评价反馈	

单元5 人工智能计算机视觉赋能交通

——让交通拥有“智慧眼睛”

在“单元四 人工智能计算机视觉技术赋能制造——让制造迈向智造”中，我们已经学习到计算机的两项基本任务，即图像分类与物体检测。

接下来，我们将了解计算机视觉中其他常见任务——图像分割、目标跟踪和图像增强，并展开介绍这三项任务的相关定义及应用，以此掌握计算机视觉在智能交通行业中的部分实际应用。

学习目标

1. 掌握图像分割的概念。
2. 掌握图像分割在智能交通中的应用。
3. 掌握目标跟踪的概念。
4. 掌握目标跟踪在智能交通中的应用。
5. 掌握图像增强的概念。
6. 掌握图像增强在智能交通中的应用。

单元导读

随着人工智能计算机视觉领域在汽车行业的快速发展，智能交通行业迎来了前所未有的发展机遇。

在中国城镇化建设和汽车普及的快速发展下，城市交通供需矛盾日益增长，我国正面临着交通安全、交通拥堵和环境污染三大难题，而智能交通是将计算机视觉、互联网等高新技术进行综合应用的一套智能交通管理体系，既能实现“大到城市主干道，小到乡村小路”的全方位覆盖，又能实时进行精细化的更新和布局，具有范围大、全方位、实时、准时、高效的特点。

在智能交通系统建设供需如此急需的情况下，人们该如何通过人工智能来实现智能交通呢？

单元知识

知识要点：图像分割技术.ppt　　微课：图像分割技术

5.1 图像分割

图像分割是计算机视觉领域重要的研究方向，在无人驾驶等领域发挥着重大的作用。接下来，我们将会学习图像分割的定义和分类，以及图像分割在智能交通中的应用。

5.1.1 图像分割的定义

图像分割是把图像分成若干个特定的、具有独特性质的区域，并提出感兴趣目标的技术和过程。它是图像处理到图像分析的关键步骤。

图像分割常用于定位图片中的物体和边界，对图像中的物体进行像素级别的识别。更准确地讲，图像分割是将图像中的每一个像素进行打标签的过程，使得带有相同标签的像素具有某种共同的视觉特性。

5.1.2 图像分割的分类

根据图像分割的粒度级别，图像分割的类型划分为语义分割和实例分割，图像分割的粒度级别决定了它分类后的属性。这两种分割的共同点在于它们都可以对图像中的物体和背景等进行像素级别的分割，而不同点在于，在同一张图像中，语义分割只能将相同类别的像素进行统一标记，而实例分割会在语义分割的基础上，将图像中同一类别的不同实例进行分割。

例如，如图 5-1 所示的气球图像，根据不同的像素级别划分出了不同的分割类型，实例分割会将图像划分得更为细致。

（a）图像分类
此图像中有气球

（b）语义分割
分离气球和背景

（c）实例分割
分割出 7 个不同的气球图像像素

图 5-1　图像分割的分类示例

1. 语义分割

在图像领域中，语义也称图像语义，其指图像内容的含义，即图像表达出的意思。图像语义可以通过语言来表达，包括自然语言和符号语言（数学语言）。分割，是从像素的角度将图像中不同的对象进行分割，即对图像中的每个像素进行标注。

人们理解图像语义的过程相对容易，而机器想“读懂”图像，则需要运用到语义分割技术。语义分割技术能够区分出图像中每一点像素点的所属类别，将相同类别的像素点进行统一标记，表达成机器能够“读懂”的语言，使机器理解其内容表达的含义。例如，语义分割技术将图 5-2 中图（a）的三只狗与背景（稻田）分割出来，分别进行像素标记，得到的图 5-2 中图（b）能够使机器分清目标与背景在图像中的位置。

（a）原始图像　　（b）语义分割

图 5-2　语义分割效果

2. 实例分割

实例分割可以理解为目标检测与语义分割的结合。与目标检测的边界框相比，实例分割可以精确到物体的边缘；与语义分割相比，实例分割可以将图像中同一类别的不同个体进行单独编号。图 5-3 中体现的实例分割即是在语义分割的基础上，将原始图像中的每一只狗进行单独区分。

（a）原始图像　　　　（b）实例分割

图 5-3　实例分割效果

5.1.3　图像分割在智能交通中的应用

我国作为全球人口密度最大和最为拥堵的国家之一，国内大约有 26%的城市在通勤高峰时段处于拥堵状态，如图 5-4 所示，而自动驾驶技术通过使用图像分割等技术，能够使车辆实现自动出行的功能，提高驾驶安全系数，优化整体交通系统的效率，为用户节省时间。

图 5-4　通勤高峰导致的严重交通拥堵

如图 5-5 所示，在汽车的自动驾驶领域中，人们主要使用图像分割来将道路中的其他机动车、非机动车、行人、车道线和道路等进行划分，通过定位不同对象在图像中的位置，从而计算其他对象与本车辆的距离，实现自动避障和自动导航的功能，最终达到自动驾驶的目的。

图 5-5　自动驾驶中的图像分割应用

如图 5-6 所示，图像分割在无人车自动驾驶技术中的应用大致可分为以下 4 个步骤。

图 5-6　无人自动驾驶技术的应用过程

5.2　目标跟踪

目标跟踪作为计算机视觉领域中基础的、重要的研究方向之一，一直是研究人员的关注热点。接下来，我们将展开讲解目标跟踪的相关定义以及目标跟踪在智能交通中的应用。

5.2.1　目标跟踪的定义

目标跟踪是计算机视觉中的一个重要研究方向，其实现过程即在连续的视频序列中，建立所要跟踪物体的位置关系，得到物体完整的运动轨迹，从而给定图像初始化帧的目标坐标位置，计算后续帧中该目标的确切位置。通俗来讲，如图 5-7 所示，目标跟踪使计算机系统具备“追随”物体的功能。

图 5-7　目录跟踪的作用

5.2.2 目标跟踪的分类

宏观上来说，目标跟踪通常包含单目标跟踪和多目标跟踪，两者除了跟踪目标数量有区别之外，还与其对于目标是否已知有关。单目标跟踪算法不知道任何关于目标的信息，可以处理任意类别的物体；多目标跟踪通常限定在目标类别已知的场景中，如多行人、多车辆的视觉跟踪。根据目标跟踪的描述，目标跟踪的进行可划分为以下 5 个步骤。

第 1 步：输入初始化目标框；

第 2 步：在下一帧中生成众多的候选框；

第 3 步：提取第 2 步中候选框的特征；

第 4 步：对候选框进行评分；

第 5 步：挑选评分最高的候选框为预测目标，或者对多个预测值进行融合，得到更优的预测目标。

根据目标跟踪任务的 5 个步骤，又可以将目标跟踪划分为 5 项主要的研究内容。

（1）运动模型：如何产生众多的候选样本；

（2）特征提取：利用何种特征表示目标；

（3）观测模型：如何为众多候选样本进行评分；

（4）模型更新：如何更新观测模型使其适应目标的变化；

（5）集成方法：如何融合多个决策获得一个更优的决策结果。

5.2.3 目标跟踪在智能交通中的应用

当系统通过目标跟踪等任务，对视频数据进行深度挖掘和信息提取后，此视频则完成了结构化处理的过程。基于视频结构化的应用场景中，目标在经过跟踪算法后，会得到一个唯一标识和它对应的运动轨迹，系统可以利用这两个数据做一些后续工作，如测速（交通类应用场景）、计数（交通类应用场景、安防类应用场景）以及行为检测（交通类应用场景、安防类应用场景）等。

随着深度模型如卷积神经网络（Convolutional Neural Network，CNN）等的应用，以及 GPU 设备带来的计算效率的巨大提升，目标跟踪在速度和精度方面已经渐渐接近了人们在实际生活中的应用需求。视频目标跟踪作为一个中低层的视觉分析任务，对众多其他视觉任务具有良好的辅助作用，如协助视频目标检测、视频目标分割、视频行人重识别等。

现以“车辆目标跟踪”和“交通流量计数”为例，讲解目标跟踪在智能交通中的实际应用。

1. 车辆目标跟踪

车辆目标跟踪主要通过摄像头或视频，利用目标跟踪对画面中的车辆进行实时跟踪检测。它可根据车辆的运动方向，预测下一时刻车辆所出现的位置，也可以对画面中的多辆车进行多目标跟踪，并对不同的车辆进行编号，如图 5-8 所示。

图 5-8　车辆目标跟踪应用

2. 交通流量计数

交通流量计数是根据视频抓拍图片序列，进行车辆检测和计数，识别各类车辆（如小汽车、卡车、巴士、摩托车和三轮车等）在指定区域内的驶入、驶出数量，实现动态车流统计，如图 5-9 所示。

图 5-9　交通流量计数应用

5.3　图像增强

随着工业相机设备技术的发展，各种型号的工业相机层出不穷，相机的分辨率、曝光时间等性能也逐渐有了极大的改善。但由于工业环境复杂，导致拍摄得到的目标图像并不是非常理想。人们通过图像增强对图像进一步处理，以得到更清晰的图像特征和视觉效果。

5.3.1　图像增强的定义

图像增强技术是基于领先的深度学习技术，对质量较低的图片进行去雾、对比度增强、无损放大、拉伸恢复等多种优化处理，重建高清图像，常应用于安防监控、车载系统等场景。图 5-10 所示即为图像增强前后的对比图像，其中图（a）为原图，图（b）为经过对比度增强后的图像。

（a）　　　　　　　　　　（b）

图 5-10　图像增强的对比度增强应用

5.3.2　图像增强在智能交通中的应用

许多城市的交通路口都会安装摄像头，如图 5-11 所示，以实时监控路口的交通情况信息，监督驾驶人是否按照交通法规行驶。应对雨天、大雾、光照过强或过弱的情况时，图像中的内容将会变得难以辨认。例如，在大雾天气发生交通事故时，若肇事者不按规定进行救援，抱着侥幸心理直接驾车逃离，由于天气原因，交警很难通过监控设备准确定位肇事者的车辆信息，大大增加了调查难度。而通过图像增强，人们可以智能地调节图像的色彩饱和度、亮度和对比度等，从而提高图像清晰度，准确定位图像中的车辆信息，进而锁定肇事者的相关信息，并将其进行抓捕。

图 5-11　交通监控中图像增强应用

"天网恢恢，疏而不漏"，无论在任何情况下，一旦发生交通事故，人们都要第一时间要打电话报警，而不能抱着侥幸的心理逃离现场。

学习总结

我的学习收获

我的心得体会

我的学习拓展

学习评价表

单元名称：________________　　学习者姓名：________________

个人评价	
教师评价	
评价反馈	

单元 6　人工智能自然语言处理赋能电商

——让电商行业更“懂”用户

本单元将介绍自然语言处理的概念以及核心任务，并展开介绍基于自然语言处理的相关任务——文本分类和智能问答两项任务的定义和应用，以此掌握自然语言处理在电商行业中的实际应用。

学习目标

1. 掌握自然语言处理的概念和核心任务。
2. 掌握文本分类的概念。
3. 掌握文本分类在智能电商中的应用。
4. 掌握智能问答的概念。
5. 掌握智能问答在智能电商中的应用。

单元导读

如图 6-1 所示，随着人工智能的不断突破，越来越多的行业正在被改造和颠覆，电商领域的海量数据与虚拟场景成为了人工智能发展的天然土壤。

目前，人工智能已经逐步渗入到电商行业当中，随着深度学习和自然语言处理的逐渐成熟，智能问答和智能商品推荐等应用已在相关行业中得到了广泛的应用。

在电商行业中，我们该如何利用自然语言处理来帮助应用落地呢？

图 6-1

单元知识

6.1 自然语言处理

在人工智能出现之前，机器智能处理的数据通常为结构化的数据，如 Excel 数据和 CSV 数据等，但网络中大部分的数据都是非结构化的，如文本、图片、音频和视频等，如图 6-2 所示。非结构化数据中文本的数据量是最多的，其占用空间相对图片或视频较小，但信息量是最大的。为了能够分析和利用这些文本信息，计算机需要利用到自然语言处理技术，让机器理解这些文本信息，并加以利用。

自然语言处理（Natural Language Processing，NLP）是一门研究如何使用计算机处理在人际交流或人机交流中的自然语言问题的学科，它主要研究表示语言能力和语言应用的模型，建立计算框架来实现并不断完善语言模型，然后根据语言模型设计各种实用系统，进而研究各种实用系统的评测方法。

（a）结构化数据类型　　（b）非结构化数据类型

图 6-2　结构化数据和非结构化数据示例图

计算机对自然语言的研究和处理，一般需要经过以下步骤：

第 1 步：把需要研究的问题在语言学上加以形式化，使其能以一定的数学形式严密而规整地表示出来；

第 2 步：把这种严密而规整的数学形式表示为算法，使其在计算上形式化；

第 3 步：根据算法编写计算机程序，使其在计算机上实现；

第 4 步：对所建立的自然语言处理系统进行评测，使其不断地改进质量和性能，以满足应用的要求。

6.2　自然语言处理的核心任务

自然语言处理是机器语言和人类语言之间沟通的桥梁，其两大核心任务分别是自然语言理解和自然语言生成。其中，自然语言理解旨在让机器人具备像人类一样的语言理解能力，而自然语言生成则是让机器人将非语言格式的数据转换为人类可理解的语言格式。以下将具体讲解自然语言处理的两大核心任务。

6.2.1　自然语言理解

自然语言理解（Natural Language Understanding，NLU）是计算机对自然语言文本进行分析和处理，从而理解该文本的过程、技术和方法。其主要任务是识别人类所讲的语言，即对自然语言进行意图识别和实体提取。简单来说，自然语言理解能够将语言信息转化为计算机可读、可理解的语言。

接下来，我们将通过一个具体案例，对比基于规则与基于自然语言理解时计算机对语言的意图判断，来深入介绍自然语言理解。

在日常生活中，如果想订机票，人们可以有很多种表达方式，如“我想订张机票”“有去北京的航班吗？”“看看航班信息，下周二出发去上海”等。可以看到，自然语言可以运用无穷多种的组合来表达“订机票”这个意图。而对于传统的计算机理解规则来说，要理解如此多种不同的语言表达，计算机想精准判断是非常困难的。因为以往的计算机只能处理结构化数据，用户必须输入精确指令，且计算机提前录入的关键词不得有丝毫差别，才能经过计算机的一系列判断得出最终的结果。因此，无论是“我要出差”还是“查看航班信息”，只要字符中没有包含提前设定好的关键词“订机票”，计算机都无法处理，而即便是出现了关键词，系统也不一定能正确地理解语言中的意图，如“我要退订机票”也可能会被计算机理解为“想要订机票”，如图 6-3 所示。

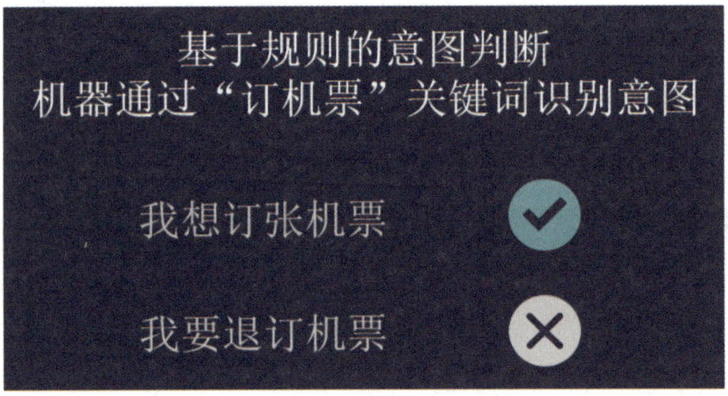

图 6-3　基于规则的“订机票”意图判断

自然语言理解出现后，计算机可以从各种自然语言的表达中提取出对应意图，而不再依赖于一系列提前设定好的关键词，例如，经过训练后的计算机能够识别“帮我推荐一家附近的西餐厅”不属于“订机票”意图的表达，并且还能够在句子中自动提取出对应的实体“附近”和“西餐厅”，如图 6-4 所示，当用户需要订机票时，只需要发送“看看航班，下周二出发去北京”的指令，计算机就能自动提取出指令的“意图”为“订机票”，“时间”为“下周二”，“目的地”为“北京”。

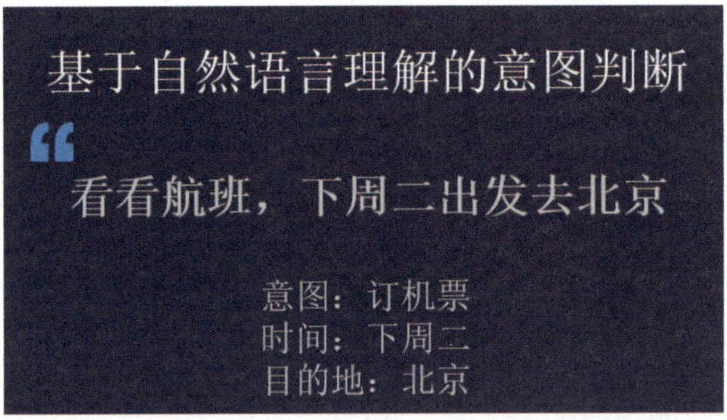

图 6-4　基于自然语言理解的“订机票”意图判断

6.2.2 自然语言生成

自然语言生成（Natural Language Generation，NLG）是在研究自然语言的机制和实现过程的基础上，用计算机把要表达的意思从非语言形式的输入构造成自然语言的输出，并以口语或书面语的形式表达出来。

自然语言理解用于判断用户的意图，而自然语言生成是将识别意图后的答复进行语音输出。自然语言生成的过程是从语言的意义映射到口语语音或书面语文本，主要目的是减少人类与机器之间的沟通障碍，将非语言格式的数据转为人类可理解的语言格式，如文章、报告等。自然语言生成可以分为以下 6 个步骤。

第 1 步：内容确定。作为第一步，自然语言生成系统需要决定哪些信息应该包含在正在构建的文本中，哪些不应该包含。通常来看，数据中包含的信息比最终传达的信息要多。

第 2 步：文本结构。确定需要传达哪些信息后，自然语言生成系统需要合理地组织文本顺序。例如在报道一场篮球比赛时，会优先表达“什么时间”“什么地点”“哪两支球队”，接着表达“比赛概况”，最后表达“比赛结局”。

第 3 步：句子聚合。不是每一条信息都需要一个独立的句子来表达，系统将多个信息合并到一个句子里，会使句意更为流畅，也更易于阅读。

第 4 步：语法化。当每一句的内容确定下来后，系统就可以在各种信息之间加一些连接词，将这些信息组织成自然语言，使其看起来更像是一个完整的句子。

第 5 步：参考表达式生成。这个步骤与语法化相似，都是选择一些单词和短语来构成一个完整的句子。不过参考表达式生成与语法化的本质区别在于前者需要识别出内容的领域，并使用该领域的专业词汇来进行句子构建。

第 6 步：语言实现。当所有相关单词和短语都已经确定时，系统需要将它们组合起来，构成一个结构良好的完整句子。

自然语言生成的应用都离不开这三个主要目的“能够大规模产生个性化内容”“帮助人类洞察数据，让数据更容易理解”和“加速内容生产”，接下来将基于这三个目标讲解自然语言生成的三个典型应用。

1. 自动写新闻

人们日常阅读的新闻中很大部分是机器通过自然语言生成来编写的，目前很多新闻已经借助自然语言生成来完成编写。某些领域的新闻编写有比较明显的规则，如体育新闻等。通过自然语言生成技术与数据挖掘、知识图谱、机器学习等其他技术的结合，可以让机器自动完成写稿、配图、排版、编辑视频等功能，来更好地协助记者快速完成高质量的新闻稿件。

2. 聊天机器人

生活中常见的智能语音助手有小度、小艺、小爱等，还有能与人们对话的商场导购机器人（见图 6-5），这类聊天机器人所使用的核心技术都是自然语言生成。除了上述常见领域，客服工作也逐渐被机器人替代，如酒店客服机器人、银行客服机器人、快递客服机器人等等，机器人通过识别用户对话中的意图，结合自然语言生成，给用户提供更加精确优质的服务。

图 6-5　商场中的导购机器人

3. BI（Business Intelligence）报告生成

BI 报告是一套用来将企业中现有的数据进行有效地整合的完整方案，它能快速准确地提供报表并提出决策依据，帮助企业做出明智的业务经营决策。在传统的 BI 报告生成过程中，各行各业的专属数据统计和分析工具可以产生各式各样的图表，但结论和观点无法自动生成，仍需依赖人工进行输出，而自然语言生成可以代替人类完成这个任务，它能够通过数据解读自动输出结论和观点。

6.3　文本分类

知识要点：文本分类.ppt　　　　微课：文本分类

分类就是出于某些需要、基于某些标准，将事物划分为若干类别的活动。而文本分类的基本原理就是把文本按照一定的规则分为不同的类别。通过文本分类，计算机可以快速地对文本数据进行归类，帮助人类实现海量数据的分类和管理。

6.3.1 文本分类的定义

文本分类是基于给定的分类体系和方法，自动判别文本内容的类别并给文本赋以类别标识的过程、技术和方法。通过文本分类任务，系统可以将新闻或文章自动划分为经济、政治、军事、体育等领域。文本分类任务还可以应用在诸多行业中，如垃圾邮件分类、情感分析等。

接下来，我们以电商行业为例，讲解文本分类在不同场景下的应用。

6.3.2 文本分类在智能电商中的应用

网络购物已经成为人们日常生活中必不可少的一部分，“人在家中动动手指，开门速速签收不止”的方便快捷让人们赞不绝口，电商行业给人们带来了越来越优质的服务体验。

电子商务是目前在互联网相关产业中最为重要的环节之一，而文本分类的使用助力了电商经济增长，并使“智能＋电商”的结合成为了一种趋势。

以下以电商评论过滤、购买倾向识别和电商评论情感分析为例，来简单介绍文本分类任务在智能电商行业中的应用。

1. 电商评论过滤

一般来说，人们网购挑选商品的重要标准就是“买家评论”和“买家秀”。买家们反馈的商品照片如何，产品体验如何，都脱离了商家精心修图的滤镜和天花乱坠的广告词，将商品原原本本地展现在挑选者眼前。

因此，用户评论能反映出消费者对于商品、服务的关注点和满意度，是影响消费者选择商品的重要因素之一。若有人恶意评论、辱骂或诋毁商家的产品，则会给商家和平台造成不良影响，导致商品销售量降低，严重时甚至会导致商家关店歇业。

如图 6-6 所示，通过定制文本分类任务，网页就可以识别出评论中是否含有敏感、违规词语等，将评论分类为“违规”或“无违规”两类，并使用规则过滤掉违规的评论，维护电商平台商家的公正买卖秩序。

2. 购买倾向识别

后台通过文本分类分析消费者日常搜索频率高的关键字或主题，来确定不同消费者的特征，从而实现“购买倾向识别”的目的。

图 6-6　文本分类可自动屏蔽违规评论

根据特定的行业术语，这些关键字或常见主题可以让商家了解到更多的潜在客户信息，并针对此类型客户量身定制营销方案。如果用户经常喜欢搜索裙子，后台就会在此客户的浏览主页推荐相似的裙类商品。

小智直播间

3. 电商评论情感分析

消费者对商品情感倾向对于电商平台来说至关重要，这也是各电商平台商家们的营销难点。

传统的分析技术很难一次性分析如此大量的数据，而文本分类可以通过消费者的评论，分析他们对于某个品牌或产品的购买倾向，从而选择合适的产品进行推荐，如图 6-7 所示。

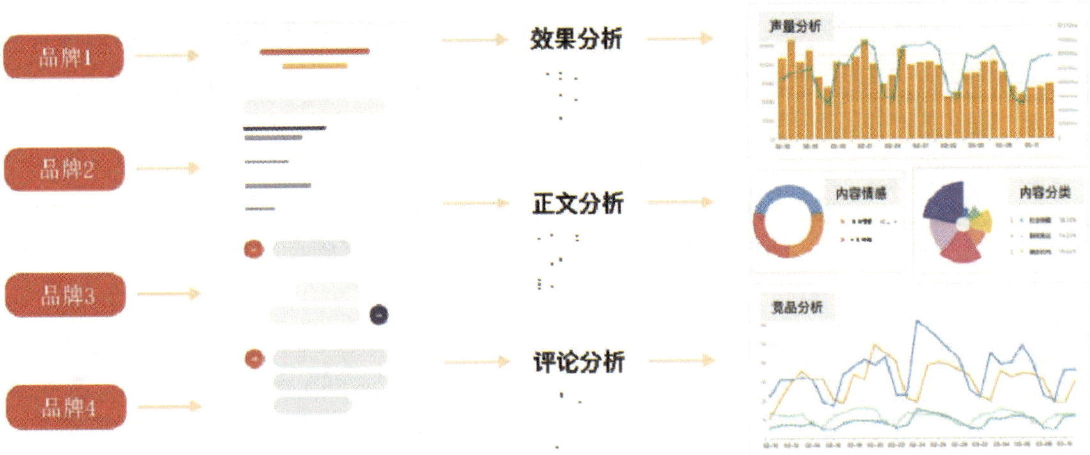

图 6-7　基于文本分类的电商评论情感分析

6.4　智能问答

当人们搜索网站或购买商品时，有不懂的问题常常会询问客服。由于人工成本高，且消费者的问题都十分相似，若客服工作都由人工进行，必将花费大量的人力和财力，也只能取得事倍功半的效果。

为了解决上述问题，商家可使用智能问答代替人工。客服机器人系统可以精确定位用户所提的问题，并将其分类，从中找到问答匹配度最高的答案进行回复，让用户感觉在与时刻为自己着想的好客服沟通，使得沟通效率和用户情绪都会保持在较良好的发展轨道上。

6.4.1　智能问答的定义

智能问答就是将学习到的无序语料信息，根据一定的规则进行有序和科学地分类整理，并建立基于知识的分类模型，提供新增语料咨询和服务信息，节省人力资源，提高信息处理的自动化水平。

6.4.2　智能问答在智能电商中的应用

智能问答可以应用在诸多领域中，但随着近几年电商行业的不断发展，智能问答在电商行业中也发挥着重要的作用。

很多的电商平台都会使用智能问答来支撑虚拟电商客服的功能实现。智能问答系统首先对平台数据进行挖掘和管理，形成知识库，就可以通过搜索和问答来服务客户。

如图 6-8 所示，通过训练后的机器可以像真人客服一样，给客户提供售前、售后、咨询和投诉等服务，为电商平台的商家减轻不少负担，还可以让商家更专注于市场行情动态，以更充沛的精力去做更优质的产品。当网站用户提出问题时，系统不仅能将问题的答案推送出来，还会将与这个问题相关的知识也都推送出来供用户查询，让用户能一次性掌握全面的信息。

图 6-8　智能问答帮助商家减轻工作强度

学习总结

我的学习收获

我的心得体会

我的学习拓展

学习评价表

单元名称：____________________　　学习者姓名：____________________

个人评价	
教师评价	
评价反馈	

单元 7 人工智能自然语言处理赋能财会

——让财会行业“更精准”

在单元 6（人工智能自然语言处理赋能电商——让电商行业更“懂”用户）中，我们已经了解了自然语言处理中的文本分类和智能问答。接下来，我们将继续讲解自然语言处理中的另外两个相关任务——实体关系抽取和文本纠错，并掌握这两个任务在财会行业中的应用。

学习目标

1. 了解信息抽取的概念。
2. 掌握实体关系抽取的概念。
3. 掌握实体关系抽取在智能财会中的应用。
4. 掌握文本纠错的概念。
5. 掌握文本纠错在智能财会中的应用。

单元导读

智能机器人作为人类划时代的发明，为人工智能的发展翻开了崭新的一页，同时，人工智能领域技术在财会行业中的应用也已日渐成熟。

相信在不久的将来，智能财务机器人会更普遍地应用于各行各业，依靠这类系统的功能，企业财务管理的效率、效果和效益将会大大提高。那么，该如何通过人工智能领域中的自然语言处理助力财会行业高效发展呢？

单元知识

7.1 信息抽取

信息抽取旨在从大规模非结构或半结构的自然语言文本中抽取结构化信息。如图 7-1 所示，信息抽取的主要任务包括命名实体识别、实体关系抽取、事件抽取、实体消歧等，其中，实体关系抽取是信息抽取的重要子任务之一，其主要目的是从文本中识别出实体并抽取实体与实体之间的语义关系。

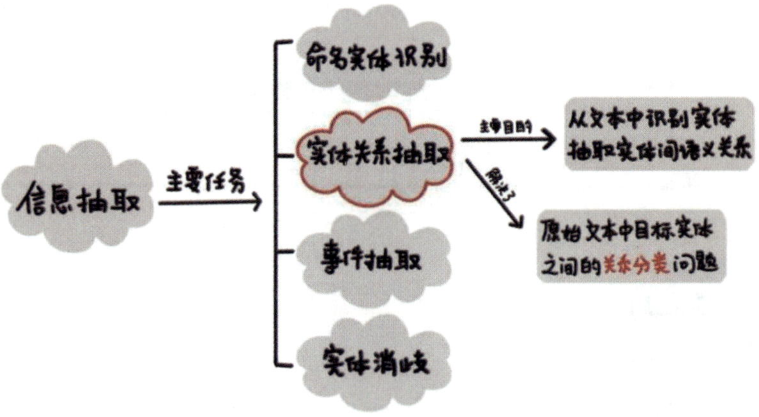

图 7-1 信息抽取的任务

7.2 实体关系抽取

随着信息抽取的兴起，实体关系抽取得到了广泛关注和深入研究。实体关系抽取解决了原始文本中目标实体之间的关系分类问题，它也是构建复杂知识库系统的重要步骤，可以应用于知识图谱、搜索引擎、文本摘要、自动问答、机器翻译等领域。

知识要点：实体关系抽取.ppt　　　　微课：实体关系抽取

7.2.1　实体关系抽取的定义

实体关系抽取作为信息抽取任务的重要组成之一，能够对更小粒度的信息进行语义分析，为更多任务提供数据支持。简单来说，实体关系抽取是指从一个句子中抽取出关系三元组（实体关系，实体 1，实体 2）。如图 7-2 所示，原句为“我在广州创办公司”，其中“我”是实体 1，“公司”是实体 2，它们之间的关系是“创办”，那么抽取的三元组为“我，创办，公司”。

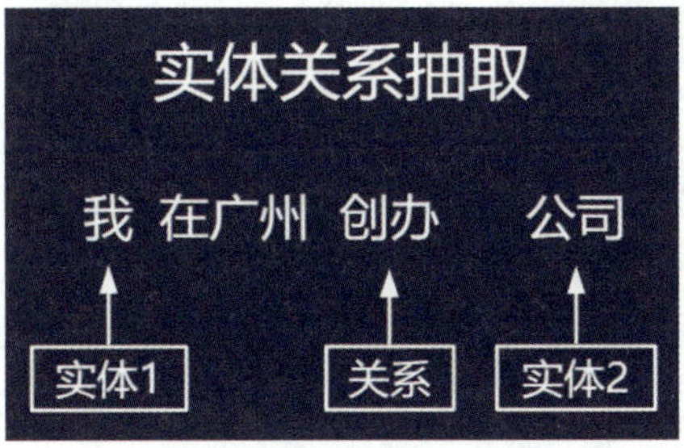

图 7-2　实体关系抽取示例

小思考：一句话里只能抽取出一个关系三元组吗？

如图 7-3 所示，原句为“上海软件公司和上海智能公司的注册资本均为 100 万人民币”，从这句话中我们可以抽取出两个关系三元组。是哪两个呢？试着写出来吧！

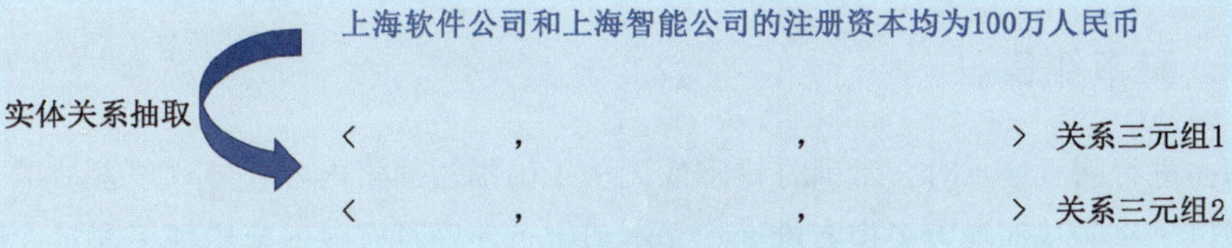

图 7-3　三元组的实例

7.2.2 实体关系抽取在智能财会中的应用

在财会行业中，我们经常需要处理和汇总各种各样的表格，如在汇总年报时，会计人员需要处理上百张表格的数据，包括勾稽关系检查、上下文一致性检查等，这消耗了会计人员大量的工作时间和精力。而各个部门和审计机构给出的文档格式和表格风格也不尽相同，因此在进行关系检查前，会计人员需要将文档表格分类，即提取数据中的实体。

在会计表格中，第一行或第一列列出的表格行或列的内容名称通常使用“表头”来定义，表头含有的内容较具概括性，如标题、报表编制单位、日期等。而实体关系抽取可以抽取表头的关系实体，并将列与列数据之间的关系进行归类，来帮助会计人员快速完成勾稽关系的检查。

小智直播间

如表 7-1 所示，根据表格我们可以得出如下描述：

（1）销售部在 2021 年的支出为 900 000 元；

（2）产品部 2022 年支出的同比增长率为 28.57%；

……

根据上述描述，我们可以分析得到，该表格中包含了多种实体关系、实体和实体内容，实体关系包括了“支出”“同比增长率”，实体包括了“部门”“年份”“金额”“增长率”等，实体内容则包含了具体的部门、具体的金额、具体的增长率数值等。会计人员可以根据不同的需求，定制提取规则，实现实体关系抽取。

通过上述例子我们也可以了解到除了三元关系外，涉及两个以上实体的 n 元关系在现实世界中是普遍存在的。尽管 n 元关系普遍存在，但近几年才开始这方面的研究，感兴趣的同学可以查阅资料了解一下。

表 7-1 实体关系抽取示例数据

部门	2021 年的支出金额（单位：元）	2022 的支出金额（单位：元）	同比增长率
销售部	900 000	950 000	5.56%
产品部	700 000	900 000	28.57%
实施部	680 000	1 000 000	47.05%

7.3 文本纠错

人们在进行网页搜索时，常因打错字或无法正确描述搜索内容，导致搜索结果与其需要的信息谬以千里，从而加大了搜索难度。文本纠错可使网页有效屏蔽错别字词对人们真实需求的影响，改善人们的搜索体验。

7.3.1 文本纠错的定义

文本纠错旨在对短文本、长文本、语音识别结果等多种文本内容的错误片段进行识别，并进行针对性提示，其广泛应用于搜索引擎、语音识别、内容审核等场景，显著提高了各场景下语义的准确性。

如图 7-4 所示，用户可以通过文本纠错实现对文本内容的错别字识别及提示功能，方便文章、书稿等内容的检查。

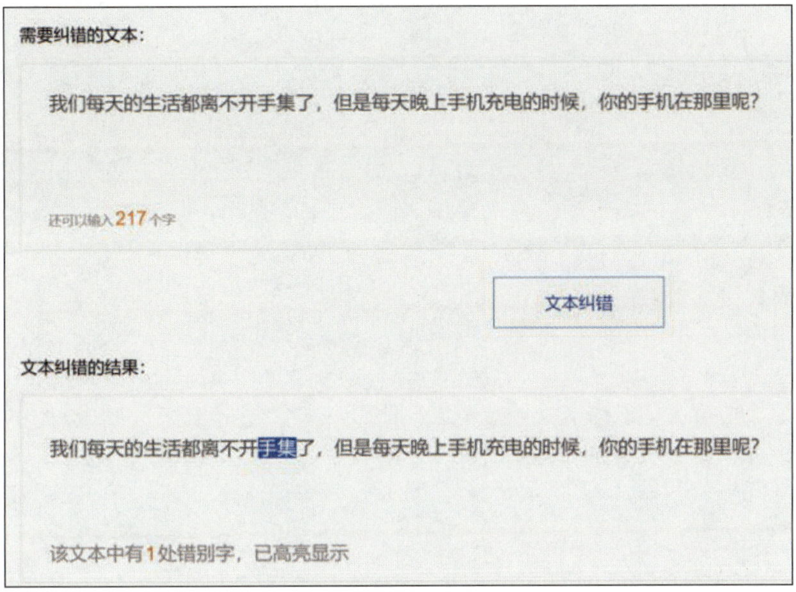

图 7-4　文本纠错应用示例

7.3.2 文本纠错在智能财会中的应用

文本纠错主要应用于识别财会文档中由于人工误写或者在复制粘贴过程中偶然产生的错别字问题。文本纠错需要做到能够支持通用同音异字、类形异字、标点符号等常规问题。除此之外，文本纠错能够搜集维护财会行业领域的语料。通过使用文本纠错，人们能够对财会文档进行专门的处理训练。

企业财会人员每月都需要将当月的收入和支出费用进行整理、汇总和统计，而当部门项

小智直播间

目较多时，财会人员的统计较易出现纰漏，易造成财会人员数据统计困难等问题。因此，为了避免出现纰漏，人工还需花费 1～2 小时对整体数据进行核对。而接入文本纠错后，计算机可以自动识别表格中的错别字，平均可节省撰写及审核人员 30%的时间成本，大大地提高了财会人员的工作效率。

学习总结

我的学习收获

我的心得体会

我的学习拓展

学习评价表

单元名称：____________________　　学习者姓名：____________________

个人评价	
教师评价	
评价反馈	

单元 8　人工智能自然语言处理赋能传媒

——让传媒行业“自主创作”

在单元 7（人工智能自然语言处理赋能财会——让财会行业“更精准”）中，我们已经了解了自然语言处理中的实体关系抽取和文本纠错。接下来，我们将继续学习自然语言处理中的相关任务——自动文本摘要和机器翻译，并基于这两个任务展开讲解相关概念，讲解不同任务在传媒行业中的应用。

学习目标

1. 掌握自动文本摘要的概念。
2. 掌握自动文本摘要的应用。
3. 掌握机器翻译的概念。
4. 掌握机器翻译的应用。

单元导读

随着人工智能及大数据技术的快速发展，新闻传媒行业正在大力推进与科技的融合。而在新闻信息领域中“大展身手”的技术，则是通过自然语言处理实现的智能写作技术，它仍逐步在被新闻媒体机构关注和尝试。例如，以写稿机器人为代表的智能写作工具已经在一些新闻机构中有着不同程度的应用，尤其在含有大量格式化、规范化新闻信息的财经金融新闻、体育新闻及突发事件报道等方面发挥着巨大的作用。

在不断需要创新与交流的传媒领域，自然语言处理如何助力传媒行业，让“创作”更“自主”呢？

单元知识

8.1 自动文本摘要

知识要点：自动文本摘要.ppt　　　　微课：自动文本摘要

随着互联网的普及，信息获取途径在不断增加，大量信息不分昼夜地向人们涌来。为了从这些信息中快速、准确地获取有用部分，人们尝试将阅读范围从需要阅读全文缩减至只需阅读文摘，由此来提高信息过滤的速度和捕捉文章大意的精准度，同时，人们也可以由此判断是否愿意详细阅读原文。在此过程中，自动文本摘要能够代替人工实现冗杂的文本筛选工作，这对于人们的高效需求来说变得愈发重要。

8.1.1 自动文本摘要的定义

自动文本摘要，也称为自动文摘，旨在为用户提供简洁而不丢失原意的信息，有效降低了信息负担、提高了用户的信息获取速度，将用户从繁琐、冗余的信息中解脱出来，节省了大量的人力物力。自动文本摘要在信息检索、舆情分析、内容审查等领域也有很高的研究价值。

自动文本摘要的研究工作可以划分为：内容表示、权重计算、内容选择和内容组织 4 个部分。

1. 内容表示

内容表示是将原始文本划分为文本单元的过程，主要是分字、词、句等预备处理工作，以此来移除冗杂、没有意义或不重要的字词。

2. 权重计算

权重计算即提取文本单元的内容特征，计算相应的权重评分。权重的计算方式多样，如基于特征评分、序列标注、分类模型等。简单地说，系统通过复杂公式计算出每个文本单元出现的频率，某个字词出现的频率越高，说明它在这段话中就越有代表性，就越容易被提取出来作为总结摘要。

小思考：权重是什么？

权重，指某一因素或指标相对于某一事物的重要程度，其不同于一般的比重，体现的不仅仅是某一因素或指标所占的百分比，强调的是因素或指标的相对重要程度。以“团队成员分工”举例，一个人在团队中所掌握的话语权越大或负责的任务分工越重要，其权重就越大。

3. 内容选择

内容选择是在经过计算权重后的文本单元中，选择相应的部分文本单元来组成摘要候选集。权重高的文本单元会被留下，权重低或本身只是有衔接文段等作用的文本单元就会被删去。

4. 内容组织

如图 8-1 所示，内容组织指对候选集的内容进行整理，使单独的文本单元连接在一起形成通顺的句子，从而形成文本摘要。计算机也可根据字数要求按顺序输出摘要内容，其格式和结果均可根据具体需求进行改变。

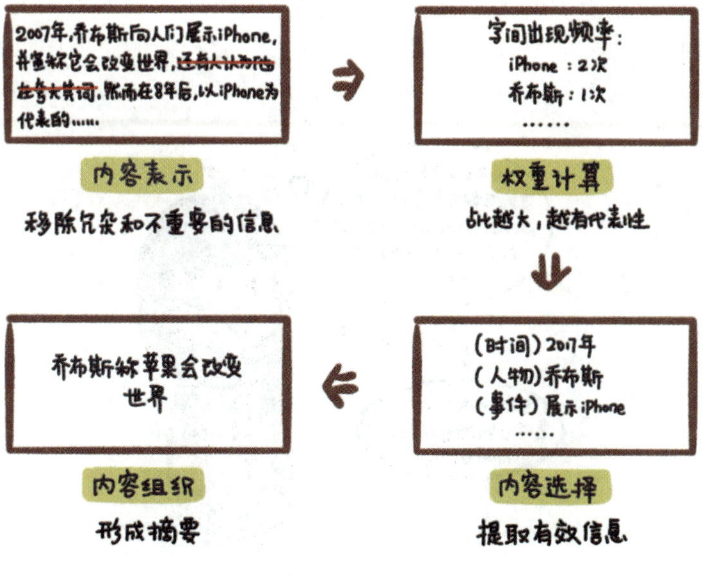

图 8-1　自动文摘的过程模拟

8.1.2 自动文本摘要在智能传媒中的应用

自动文本摘要是自然语言处理领域中一个重要分支。初期时，自动文本摘要主要广泛应用于长文本摘要任务中，例如科技论文、新闻等文章领域中的文本内容。近年来，产出短文本形式内容的社交媒体快速流行，此类媒体多元快捷的娱乐方式及大量的信息资源吸引着人们开始通过它们来实时地获取各种信息资源，尤其是实时发生的社会热点事件。

如图 8-2 所示，为了方便人们快速浏览，传媒从业人员经常需要从大段的社会热点讨论事件中抽取关键摘要文本进行报道，但这过程消耗了大量的时间和精力，而且一旦时间过长，新闻就会变成“旧闻”——一旦人们无法迅速获得热点时事，这个新闻则已经失去了时效性。

麻省理工学院为无人机配备RFID技术，进行仓库货物管理

几家公司已经解决了无人机读取RFID的技术问题。配有RFID读卡器的无人机可以代替库存盘点的人物，并以更少的麻烦更快地完成工作。一个人需要梯子或电梯进入的高箱，可以通过无人机很容易地达到，无人机可以被编程为独立地导航空间，并且他们比执行大规模的重复任务的准确性和效率要比人类更好。
目前市场上的RFID无人机需要庞大的读卡器才能连接到无人机的本身。这意味着它们必须足够大，以支持附加硬件的尺寸和重量，使其存在坠机风险。麻省理工学院的新解决方案，名为Rfly，允许无人机阅读RFID标签，而不用捆绑巨型读卡器。相反，无人机配备了一个微小的继电器，它像Wi-Fi中继器一样。无人机接收从远程RFID读取器发送的信号，然后转发它读取附近的标签。由于继电器很小，这意味着可以使用更小巧的无人机，可以使用塑料零件，可以适应较窄的空间，不会造成人身伤害的危险。
麻省理工学院的Rfly系统本质上是对现有技术的一个聪明的补充，它不仅消除了额外的RFID读取器，而且由于它是一个更轻的解决方案，允许小型无人机与大型无人机做同样的工作。研究团队正在马萨诸塞州的零售商测试该系统。

自动文本摘要

摘要结果

麻省理工学院的研究团队为无人机在仓库中使用RFID技术进行库存查找等工作，创造了一种聪明的新方式。它允许公司使用更小，更安全的无人机在巨型建筑物中找到之前无法找到的东西。麻省理工学院的新解决方案，名为Rfly，允许无人机阅读RFID标签，而不用捆绑巨型读卡器。麻省理工学院的Rfly系统本质上是对现有技术的一个聪明的补充，它不仅消除了额外的RFID读取器，而且由于它是一个更轻的解决方案，允许小型无人机与大型无人机做同样的工作。

图 8-2 传媒领域中的自动文本摘要应用

通过自动文本摘要，计算机可自动从文本中抽取关键信息，形成摘要结果，帮助新闻写稿人员快速完成新闻稿的撰写，写稿人员的工作效率能迅速得到提高。系统通过自动文本摘要提取、分析并返回记者导入的第一资讯中的关键信息，新闻稿编写人员只要在此基础上进行检查和修改，即可快速完成新闻稿的撰写。除此之外，我们的生活中也存在着与自动文本摘要实现过程相类似的例子，如图 8-3 所示。

图 8-3 与自动文本摘要过程相类似的生活应用

8.2 机器翻译

人们通常习惯于感知自己母语的声音和文字，很多人甚至只能感知自己的母语。因此，在与外语人士交流，或者阅读外语书籍时，翻译就显得尤为重要。而机器翻译——一种能帮助实现跨文化交流的技术，在人们的现实生活和工作中发挥着很大的作用。

8.2.1 机器翻译的定义

机器翻译，又称为自动翻译，指的是将计算机中输入的自然语言自动翻译成另外一种语言的技术。机器翻译根据媒介的不同可以再划分为许多细类，例如文本翻译、语音翻译、图片翻译以及手语翻译等。但机器翻译目前正面临以下 3 个挑战。

1. 译文的选择

在翻译句子时，机器翻译通常会面临很多选词的问题，比如中文“看”，翻译成英文可以是“look”“watch”或“read”等单词，系统必须要结合“看”的上下文，才能做出正确的翻译。

2. 词语顺序的调整

如图 8-4 所示，机器翻译需根据语法和情境来调整翻译后的词语顺序，如是否需将原句修改为倒装结构等。

图 8-4　词语顺序的调整

3. 数据稀疏

由于使用人数、地区等因素影响，不同语种之间的语言数量存在着较大差距，像汉语和英语的语言数量非常庞大，但其他语种相对较少，而自然语言处理需要大量的信息储备和训练。因此，如果想在非常少或分布非常不均匀的语言数据上训练出一个好的翻译系统，是特别困难的。

8.2.2 机器翻译在智能传媒中的应用

机器翻译具有效率高、成本低的优点，满足了全球各国多种语言快速翻译的需求，让世界变成真正意义上的“地球村”。

机器翻译在中外企业合作中也发挥了重要的作用。例如，某传媒类企业想把产品推广到海外的其他国家，需使用对应国家的语言来向合作方描述产品，而各个国家的语言表达及语法等交流方式都不尽相同，因此，翻译者在翻译不同语言时，需要具备非常熟练的语言基础，还需耗费大量时间进行翻译和校对。

小智直播间

如图 8-5 所示，为了方便各个国家的人们进行跨文化交流，谷歌、百度等公司都提供了在大量网络数据下的机器翻译和辅助翻译工具。

图 8-5 中英翻译网站页面

机器翻译在人们的日常生活中也发挥了很大的作用。在微信聊天中，人们可以通过翻译功能，快速了解到对方在说什么；在日常学习和查阅文献时，人们可以通过复制翻译、拍照翻译等功能进行深入学习。

小思考：机器翻译能否取代人工翻译呢？

学习总结

我的学习收获

我的心得体会

我的学习拓展

学习评价表

单元名称：________________　　学习者姓名：________________

个人评价	
教师评价	
评价反馈	

单元 9　人工智能知识图谱赋能互联网

——让互联网行业“更活泼”

本单元将介绍知识图谱的定义和生命周期，并基于知识图谱的表示方法，展开讲解本体的定义和组成，最后讲解知识图谱在互联网行业中的实际应用。

学习目标

1. 掌握知识图谱的定义。
2. 了解知识图谱的生命周期。
3. 熟悉知识图谱的表示方法——本体。
4. 了解知识图谱的典型示例。
5. 掌握知识图谱在互联网行业中的应用。

单元导读

在刑侦影视片中，警察往往会把犯罪嫌疑人和受害者等人物关系一一列出，以便侦查工作的开展；在日常学习中，人们也可通过画思维导图的形式来帮助理解记忆；在阅读过程中，为了更快地读懂小说内容，人们也可以对小说、传记的人物进行关系梳理，如图 9-1 所示。

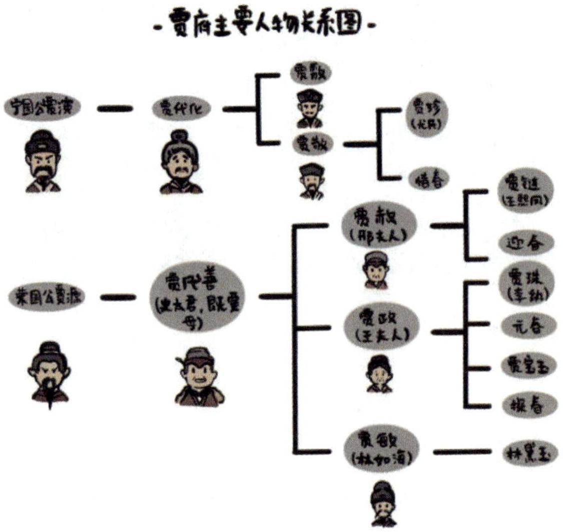

图 9-1 《红楼梦》贾府人物关系简略图

知识图谱的设计逻辑与上文提到的各类思维梳理方式类似，简单来说，知识图谱即把各类资讯串联起来，形成关系网，从而帮助人们能够更快地找到所需的部分。对于企业级信息管理应用来说，知识图谱的构建对企业的数据基础和数据技术的积累具有一定的要求。大规模构建并应用知识图谱，无论对于互联网行业，传统行业，甚至社会治理都具有重要意义。

那么，知识图谱应用如何在互联网行业中落地呢？

单元知识

9.1 知识图谱

作为推动人工智能发展的核心驱动技术之一，知识图谱提供了一种从海量数据中抽取结构化知识并利用图分析进行关系挖掘的手段，快速便捷，拥有广阔的应用前景。

9.1.1 知识图谱的定义

知识图谱，在图书情报界又被称作知识域可视化或知识领域映射地图，是显示知识发展进程与结构关系的一系列各种不同的图形。如图 9-2 所示，知识图谱即通过分析整合，将无数分散开来、看似毫无关系的知识点梳理成一个能够揭示它们彼此之间关系的网络图谱。

图 9-2　知识图谱的构建逻辑

知识图谱有自顶向下和自底向上两种构建方式。

自顶向下构建，指先借助百科类网站等结构化数据源，从高质量数据中提取本体和模式信息，加入到知识库中；自底向上构建，指借助一定的技术手段，从公开采集的数据中提取出资源模式，选择其中置信度较高的新模式，经人工审核之后，加入到知识库中。

小思考：构建知识图谱，只需要选择以上其中一种方法就好了吗？

9.1.2 知识图谱的生命周期

作为大数据环境下知识工程的标志性产物，知识图谱的知识图谱包括了知识建模、知识获取、知识融合、知识存储、知识计算和知识应用 6 个部分。

1. 知识建模

知识建模是定义领域知识描述的概念、事件、规则及其相互关系的知识表示方法，建立知识图谱的概念模型（也称模式层）。

2. 知识获取

从不同来源、不同结构的数据中进行知识提取，形成知识存入到知识图谱，这一过程我们称为知识获取。针对不同种类的数据，可以利用不同的技术进行提取。

3. 知识融合

完成知识提取之后，接下来需要将它们融合成一个统一的知识图谱，也就是进行知识融合。知识融合主要分为模式层融合和数据层融合。

4. 知识存储

知识存储就是研究用采用何种方式将已有的知识图谱进行存储，目前知识图谱的存储方式主要有两种，分别为基于资源描述框架（RDF）的存储以及基于图数据库的存储。

5. 知识计算

知识计算主要是在知识图谱中知识和数据的基础上，通过各种算法，发现其中显式的或隐含的知识、模式或规则等。

6. 知识应用

基于知识图谱所包含的海量知识和数据，结合知识计算技术，知识图谱可以产生大量的智能应用，如知识问答、人物画像等。

9.2 知识图谱的表示方法

知识要点：知识图谱的表示方法.ppt　　　　微课：知识图谱的表示方法

知识图谱旨在以结构化的形式描述客观世界中存在的概念、实体及其间的复杂关系，与1993 年提出的本体知识表示的概念一致。知识图谱可以看作本体知识表示在互联网大数据时代的知识表示的一个实际应用。

9.2.1 本体的定义

本体论是一门研究“存在”的哲学研究，即试图解释存在是什么、时间所有存在的共同特征是什么。具体而言，技术领域的本体是指一种“形式化的、对于共享概念体系的明确且详细地说明”，本体定义了领域中的概念、关系和公理及其之间的关系。

通过定义可以看出本体有以下 4 个特性。

1. 概念化

本体是对客观世界中存在的事物或现象以及它们之间关系的概念化抽象。

2. 精确化

本体中的概念、关系以及各种约束被精确地定义。

3. 形式化

本体表示为了方便人机交互和计算机推理，其定义是形式化且机器可理解和推理计算的。

4. 共享性

本体的表示要建立在领域内的共同认知基础上，可以有效促进知识共享。

9.2.2 本体的组成

本体一般由概念、实例和关系组成，此外还有一些本体包含公理。

概念也称为类，是某一领域内系统性质对象集合的抽象表现形式。例如，水果包括香蕉、草莓、芒果、西瓜等等，蔬菜包括白菜、生菜、青瓜等等，那么这里的“水果”和“蔬菜”就被称作概念。

实例是概念中的特定元素，往往对应客观世界的具体事物。例如，香蕉是“水果”概念中的一个实例，白菜则是“蔬菜”概念中的一个实例。图 9-3 所示为本体中概念和实例的关系示例。

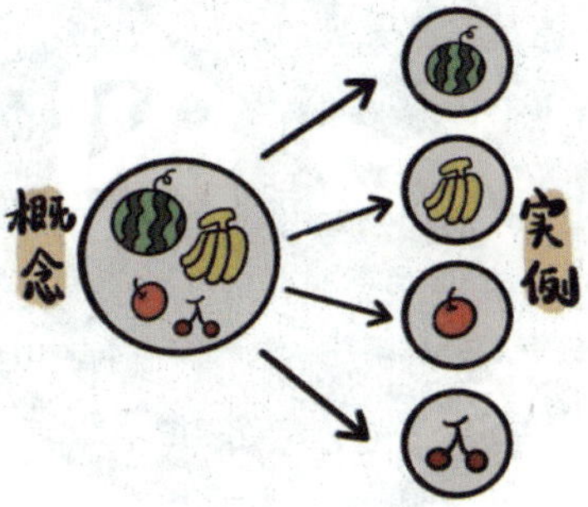

图 9-3　本体中概念和实例的关系示例

关系的定义能够更好地刻画概念的属性，如性别、年龄、身高、体重、国家、出生地等信息可以全面地描述人这一概念所具有的属性关系。这些关系中有些关联的是实例，如国籍关联的是另一个实例——国家；而有些关系关联的是具体的字符串或者数值，如性别、年龄、身高等。

公理指描述总是成立或为真的陈述。例如，知道某人的妻子，也知道他妻子的父亲，那么就可以推出这个人与他妻子的父亲之间的关系是岳父关系，这就是家族知识描述中的一条公理。

9.3 典型的知识图谱

知识图谱是人工智能应用基础，因此在人工智能应用中，我们需要了解目前常用的包括知识图谱在内的知识库的情况。以下为 5 个典型的知识图谱。

1. WordNet

WordNet 依赖于专家知识，由人工标注，将英文单词按照单词的语义组成一个大的概念网络，由同义词集和描述同义词同集之间的关系构成。每个同义词集表示一个基本的词汇语义概念，词集之间的语义关系包括同义关系、反义关系、上位关系、下位关系、整体关系、部分关系、蕴含关系、因果关系、近似关系等。

2. 知　网

如图 9-4 所示，知网是我国著名机器翻译专家董振东和董强历经 10 多年创建的一个知识系统。它是一个以汉语和英语的词语所代表的概念为描述对象，以揭示概念与概念所具有的属性之间的关系为基本内容的常识知识库。知网使用了 2 600 个义原，分为 10 个类别，“义原”是用于描述一个概念的最小语义单位。

图 9-4　知网

3. ConceptNet

ConceptNet 是一个开放的、多语言的语言类的知识图谱，其由大量概念以及概念之间关系的常识描述构成，比较侧重词与词之间的关系，主要用于描述对多种语言的单词意义的理解。目前，ConceptNet 主要应用于自然语言处理的领域中。

4. YAGO

YAGO 是由德国开发的大型语义知识图谱知识库，其依赖于维基百科和 WordNet，是一个百科知识图谱，它目前拥有 100 万个以上的实体与 500 万个关系的知识。YAGO 中的实体关系数据都依赖人工严格定义的规则，且从维基百科中自动抽取产生，其包括实体之间的上下位和实体属性等关系。

5. DBpedia

DBpedia 是从维基百科中结构化数据抽取的知识所组成的百科型知识图谱知识库。英文版的 DBpedia 描述了 600 万个实体，其中 460 万的实体包含摘要信息，153 万实体具有地理位置信息，160 万的实体具有描述信息。另外，520 万个实体可以链接到本体上，包括 150 万的任务，81 万的地点、49 万的作品、27.5 万的机构、30.1 万的物种和 5 000 种疾病。总共包含 95 亿个三元组，支持 127 种语言。

9.4 知识图谱在互联网中的应用

人们构建知识图谱的目的在于协助人类解决部分问题。众所周知，知识图谱包含着海量数据，是一个超级知识库，人们可以依赖它进行内容搜索。除此之外，它还具有语义搜索、智能问答和辅助决策的能力。下面将介绍知识图谱的两类应用。

9.4.1 搜索引擎

1. 语义搜索

语义搜索作为一个概念，起源于一篇《科学美国人》的文章，其中解释了“语义搜索的本质是通过数学来摆脱当今搜索中使用的猜测和近似，并为词语的含义以及它们如何关联到人们在搜索引擎输入框中所找的东西引进一种清晰的理解方式”。百科中也对于语义搜索给出了更明确的定义——语义搜索，是指搜索引擎的工作不再拘泥于用户所输入请求语句的字面本身，而是透过现象看本质，准确地捕捉到用户所输入语句后面的真正意图，并以此来进行搜索，从而更准确地向用户提供最符合其需求的搜索结果。

如图 9-5 所示，以某浏览器搜索为例，当用户搜索“知识图谱”的相关图片时，若网页展现了与知识图谱相关的图片，这表明搜索引擎理解了用户想搜索的内容；若网页返回的图片全部与知识图谱相关，说明搜索结果比较准确，搜索技术较高。

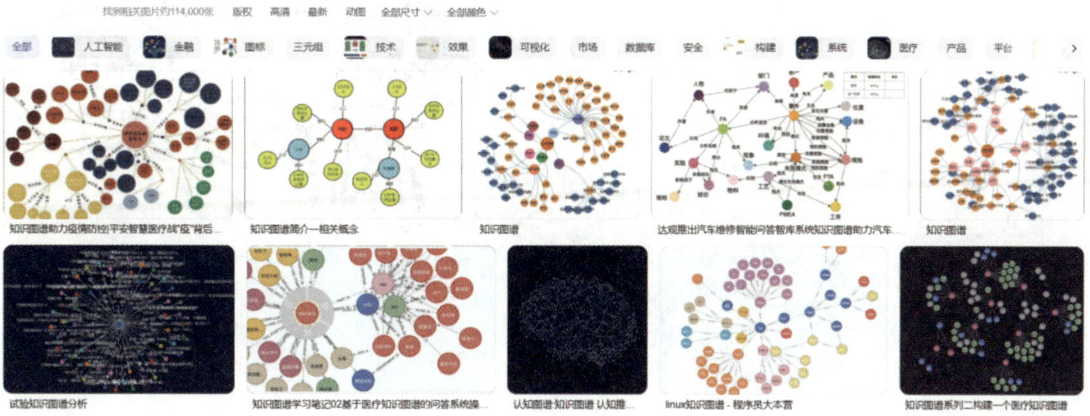

图 9-5　语义搜索应用

2. 智能问答

智能问答，即用户与智能问答系统的机器通过一问一答的交流方式进行交互，用户通过提出问题，来获取智能问答系统所提供的答案。作为人工智能的一个重要应用案例，智能问答系统在很多场景中都可以发挥作用。

在以往的银行、电信、酒店等行业的在线客服中，当客户咨询业务时，面向不同的业务需要客户按下不同的数字才能成功对接，且对于细分的业务，客户需要继续选择不同的数字进行咨询，其多次选择后才能咨询到相关的业务。智能问答的出现最大程度地简化了这些繁琐的过程，智能客服可以直接根据用户的问题给出相应答案。

智能问答作为语义搜索的延伸，会将语义搜索的结果按照某种规则进行排序，并依据一定的算法将最相关的结果排在最前面。如使用百度、谷歌搜索引擎进行搜索时，搜索结果冗杂且零散，这就是语义搜索的常见形式。智能问答与用户聊天进行问答时，不仅需要在知识库中搜索最相关的结果，还需要考虑前面的聊天内容。由此一来，智能问答能够将最相关的答案反馈给用户，有效减少了不必要的搜索步骤。

9.4.2 个性化推荐

个性化推荐即根据用户的个性化特征，为用户推荐感兴趣的产品或内容。当用户在网上查找感兴趣的页面或产品时，浏览记录会被系统记录下来，并放入到特征库中，形成对特定用户推荐相关产品的特征库。

通过运用知识图谱，个性化推荐也能应用于网购中。例如，某用户想在网上购买一件短袖，便在购物平台上搜索“短袖”这类关键词，且浏览与“短袖”相关的商品。此时，购物平台会通过查看浏览记录来得知此用户对哪一类的商品感兴趣。当他再次打开购物平台时，他先前浏览次数最高的类型商品会优先显示在商品列表中。

小智直播间

学习总结

我的学习收获

我的心得体会

我的学习拓展

学习评价表

单元名称：＿＿＿＿＿＿＿＿　　学习者姓名：＿＿＿＿＿＿＿＿

个人评价	
教师评价	
评价反馈	

单元 10　人工智能语音处理技术赋能金融

——让金融行业耳顺“听得懂”

金融行业的智能化，为消费者提供了便利，也为从业者带来了新的挑战与机遇。

智能客服与人工客服的业务是如何区分的？其中应用了哪些人工智能领域技术？应用背后的实现原理又是什么？这些都是金融行业从业人员应当了解的问题。

本单元将学习了解语音及其四要素、语音处理技术的概念及其四个相关任务——语音降噪与增强、语音识别、语音唤醒及语音合成，并讲解语音处理技术在金融行业的实际应用，最后，我们将学习了解现阶段语音处理技术的发展难点。

学习目标

1. 了解语音及其四要素。
2. 掌握语音处理技术的概念。
3. 了解语音处理技术的相关任务。
4. 掌握语音处理技术在智能金融行业的应用。
5. 了解语音处理技术的发展难点。

单元导读

语言交流是人类社会独有的一种非常强大的技能，它能通过一些特定的符号，帮助人类将脑海中的奇思妙想传达给他人，同时通过这种符号去了解他人的想法。而在日常生活中，人与人的交流一般通过特定的语音发音方式——如用“普通话”或“英语”表达自己的需求，如图 10-1 所示。

图 10-1　语言交流的传达信息模拟

如今，智能化的浪潮已经席卷了现代经济核心的金融行业，在银行柜台或客服电话中，能够与人们进行语音交互的电子设备随处可见。如图 10-2 所示，具有语音交互功能的智能导购机器人常常存在于商场的各个楼层，人们可以向它询问目的地的具体位置，也可以和它聊天互动。

2022 年，北京冬季奥运会如期举办。在冬奥村生活期间，运动员们惊奇地发现，这里随处都能看到智能机器人的身影——商店门口的智能导购机器人会提醒他们要戴好口罩，智能服务机器人可以给他们定时送餐，并引导他们在冬奥村中游览……

智能机器人是如何“听懂”人类语言，又是如何解答问题的呢？

图 10-2　有语音交互功能的智能导购机器人

单元知识

10.1　语音及其四要素

语音，即语言的物质外壳，是语言的外部形式，是最直接记录人的思维活动的符号体系。它是由人的发音器官发出的具有一定社会意义的声音。

语言依靠语音实现它的社会功能。语言是音义结合的符号系统，语言的声音和语言的意义是紧密联系着的，因此，语言虽是一种声音，但又与一般的声音有着本质的区别。语音是人类发音器官发出的具有区别意义功能的声音，因此，语音不能被看成纯粹的自然物质。

语音的物理基础主要有音高、音强、音长和音色，这也是构成语音的四要素。

1. 音　高

音高即声音的高低。它决定于音波的频率，即发音体（声带）在每秒钟内振动的次数。振动的次数越多，频率越大，声音就越高，反之就越低。而频率的大小和声带的长短、厚薄、松紧有关。声带短、薄、紧，发音时音频就大，声音就高，反之就低。弦乐器，弦细而短，音高；弦粗而长，就低。成年女性、儿童的声带每秒可振动 150 ~ 300 次，成年男子的声带每秒振动 60 ~ 200 次。一个人情绪激动时声音高亢，情绪低落时声音低沉。人声音的高低是靠控制声带的松紧来调节的。汉语的声调和语调也主要是由音高决定的，如：妈、麻、马、骂、吗，衣、移、椅、意，“是他？”“是他。”

2. 音强（音量、音势、音重）

音强即声音的强弱。它与音波振幅的大小成正比。振幅即发音体振动幅度的大小，与气压的大小成正比。语音的强弱取决于说话时用力的大小，用力大，呼出的气体对声带冲击力强，振幅大，声音就强，反之就弱。若一根胡琴的弦长度不变，用力拉，声音强；轻拉，声音就弱。击鼓：使劲，鼓声强；反之，鼓声弱。

音强在汉语里有区别词义的作用和一定的语法作用，轻声、重音可以区别词义，主要是音强决定的。如：莲子——帘子、报仇——报酬，读轻声的字不同，前后词义不相同。一句话的逻辑重音放在不同的位置上，表达的语意焦点是不同的。如“我今天下午去南京”，重音分别放在“我、今天、下午、南京”上，表达的意思是不同的。

3. 音　长

音长即声音的长短。它决定于发音体振动时持续时间的久暂。振动时间长，声音就长，反之就短。音长在一些语言里可以区别意义。如英语的“eat”和“it”。广州话的三[sa:m]和心[sam]。普通话“啊”音短则表应答，音长则表思考。

4. 音色（音质、音品）

音色即声音的特色、个性，也可以说是声音的本质。它是由音波波纹的曲折形式不同造成的。

10.2　语音处理技术

随着社会的不断发展，各式各样的电子设备渐渐参与到人类的生产活动和社会活动中。因此，为了使机器与人类的“合作”更为高效，人类与计算机的交互方式的改善就显得越来越重要。

语言是人类最重要的交流工具，自然方便，准确高效。通过研究发现，人与机器之间较为便捷的交互方式是通过语音进行交互，由此语音处理技术应运而生。如图 10-3 所示，百度的“小度”机器人在参加全球创新者大会，它与主持人的一问一答，都离不开语音处理技术的应用。

图 10-3　会“说话”的“小度”机器人

10.3　语音处理技术的相关任务

知识要点：语音处理技术的相关任务.ppt

微课：语音处理技术的相关任务

语音处理技术是一门多学科的综合技术，其也通过各项现代技术手段来渐渐发展成了一门新的学科。它有 4 种较为常见的任务——语音降噪与增强、语音识别、语音唤醒和语音合成。

10.3.1　语音降噪与增强

在现实生活中，语音信号一般都带有噪声，因此，在进行语音识别前，人们往往要对信号进行降噪与增强。如图 10-4 所示，语音的降噪与增强，指当语音信号被各种各样的背景噪声干扰甚至淹没后，计算机尽可能地从带噪声的语音信号中提取出有用的语音信号，从而抑制或降低噪声干扰的技术。

语音的降噪与增强有以下两个主要作用。

（1）降低背景噪声的干扰，改善语音质量，提升听者的舒适感；

（2）提高语音信息传达的清晰度。

图 10-4　语音降噪与增强

10.3.2　语音识别

语音识别，即计算机通过识别和理解，将人类的语音信号转换为相应的文本或命令的过程，可概括为将声音转化为文字的过程。

近年来，随着人工智能的兴起，语音识别技术在理论和应用方面都取得较大的突破，也慢慢地走进了人们的日常生活。如图 10-5 所示，语音识别技术可以提供很多应用，如自动客服、自动语音翻译、命令控制及语音验证码等。这项技术也可应用于许多领域，主要包括语音寻呼、答疑平台及智能客服等。

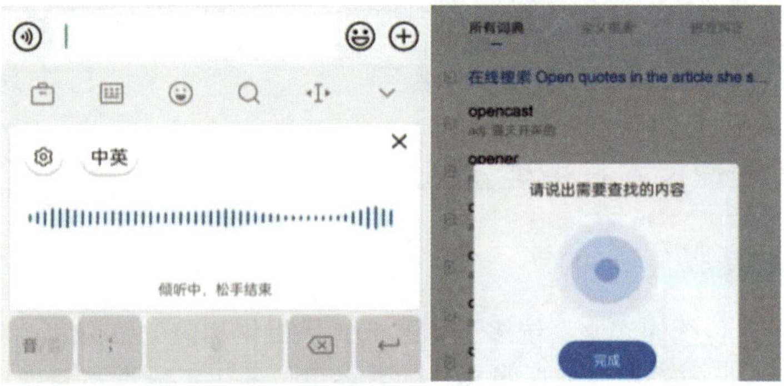

图 10-5　语音识别的应用

10.3.3　语音唤醒

语音唤醒又称为关键词检测，是语音识别任务的一个分支，其指电子设备通过接收到带有关键词或唤醒词的语音后被唤醒的过程。该技术被应用到各种领域，使电子设备具有语音交互的能力。语音唤醒已广泛应用于手机、智能音箱、机器人、智能家居和车载设备等设备中。

10.3.4　语音合成

语音合成技术，又称为文语转换。它可以将任意输入文本转换成相应语音，是一种通过机械的、电子的方法产生人造语音的技术，可利用计算机系统仿真出人类的声音。

如图 10-6 所示，语音合成系统主要包括语言分析部分和声学系统部分。

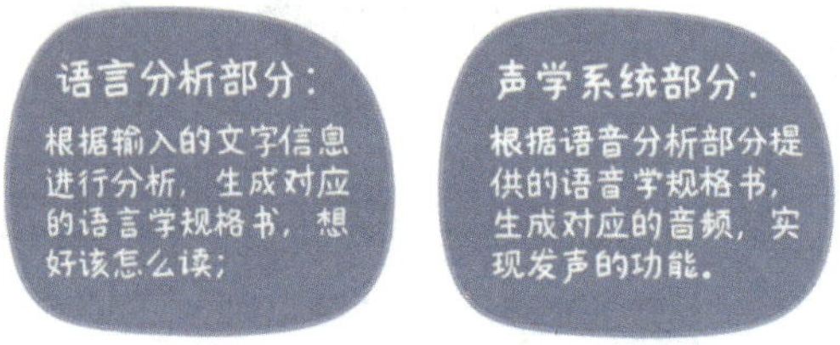

图 10-6　语音合成系统的组成

小思考：

以下场景中，(　　)运用了语音处理技术。

A. 在翻译软件中输入文本进行翻译

B. 在百度上通过文字搜索“语音处理技术是什么？”

C. 跟手机助手说“帮我打开早上 7 点的闹钟”

D. 在微信上通过发语音的形式和朋友聊天

10.4　语音处理技术在智能金融行业中的应用

10.4.1　智能客服

如图 10-7 所示，传统的客服系统多是依靠人工来提供相应的咨询和业务服务，且各行各业都存在着对客服人员的需求。但近年来，随着各单位的用工成本不断增加，以及客服人员的专业水平不一、精力有限等因素的约束，传统客服效率低、智能化程度低、多渠道能力较弱等问题逐渐暴露出来。

图 10-7　传统客服

人工智能在客服领域的深度应用下，智能客服随之出现，其减少了人力物力的消耗，能更好地服务客户。

目前，基于深度学习、大数据等领先的人工智领域能技术的发展，智能客服系统已经可以实现自主问答、业务办理、故障诊断等一系列复杂操作，并实现了客服行业中大部分的应答需求，能够快速高效地解决用户的问题。如图 10-8 所示，消费者在拨打部分银行客服电话时，可以听到“您好，欢迎致电本银行，我是语音助手，请说出您要办理的业务”此类的语音播报。

图 10-8　智能客服对话示例

10.4.2　智能质检

在金融行业的客服领域中，质检即对客服人员与用户的会话进行质量检查。质检会通过检查会话来发现客服人员存在的问题，如客服是否按照客服规范、标准话术及标准应答流程来回答用户等，进而提高客服服务质量，让客户对服务更加满意。

传统质检是通过纯人工抽检的方式进行的，但纯人工抽检的过程存在以下问题：

（1）效率低，抽检类似大海捞针、无法全面覆盖；

（2）人的情感因素影响较大，质检无法达到完全的客观性；

（3）质检人员高度重复地做同一件事情，消耗了太多的人力和物力；

（4）往往是问题发生后，通过抽检才能发现问题，此时的问题已过时，不具有改善作用，时效性较差。

对于金融行业，每天都会有上千上万通呼入呼出的电话，为了质检能够更加方便、高效，金融行业的质检过程也在逐渐智能化。智能质检的优势有以下 3 点：

（1）可对通话记录进行全量检查；

（2）质检结果不以人工意志为转移，质检考核客服更加标准；

（3）质检工作效率的大幅度提升。

如图 10-9 所示，某家银行引进了智能质检系统来替代人工抽检。系统先对海量录音文件或实时通话数据进行智能化分析，且能够通过情绪检测分析，展开在线质检分析，通过关键词检出、语速分析、静音分析等操作来对客服人员的服务质量进行考核。

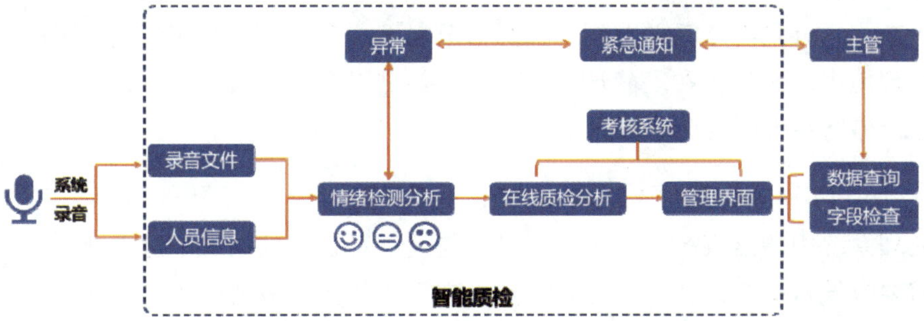

图 10-9　智能质检流程图

除此之外，智能质检还有其他功能，如图 10-10 所示，智能质检系统既可用于基础性的服务质量评估，还可用于判断业务的类型以及分析客户的意图。

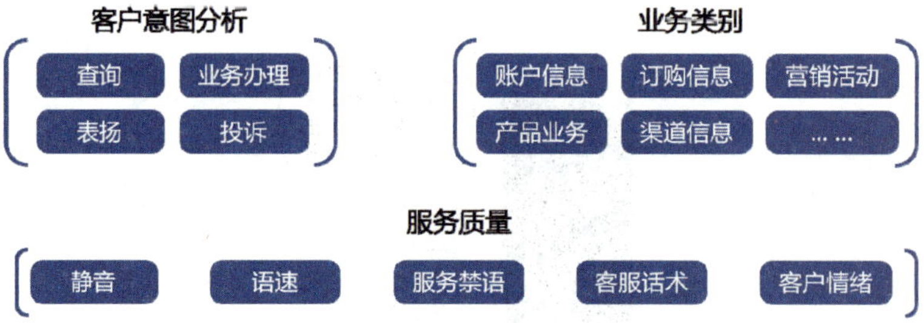

图 10-10　智能质检系统功能

因此，智能质检系统在金融行业中发挥了重要的作用，它大幅提高了银行的质检效率、解决了人工质检的局限性、提升了服务质量与管理水平、降低了企业运营成本。

10.4.3　智能外呼

智能外呼是综合利用自动语音识别、文字转语音以及自然语言理解向企业客户提供的一款智能客服机器人产品。智能外呼可根据业务场景，自动发起机器人电话外呼。它通过人与机器人的语音对话收集业务结果，并对数据进行统计处理。例如，某银行实现了“信用卡分期业务营销”场景的智能外呼功能，其外呼流程如图 10-11 所示。

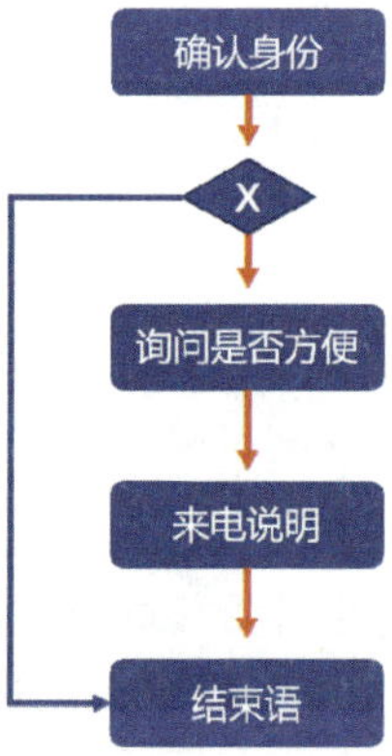

图 10-11　智能外呼流程

10.5　语音处理技术的发展难点

1. 输入标准无法统一

每个人都有独有的发音习惯。舌头放置于不同部位时，口腔可以发出不同的元音音调。不仅如此，各地方言的差异、输入设备的不统一均导致了语音输入的标准无法统一，这对语音识别提出了挑战。

2. 声源处理无法规避噪声困扰

噪声环境的各类声源处理是目前世界上公认的技术难题，机器无法从各层次的背景噪声中分辨出人声，且背景噪声千差万别，训练情况也不能完全匹配真实环境。因此，语音识别技术在噪声环境中的操作比在安静环境中的操作要难得多。就目前而言，完全消除噪声干扰的理想状态仅停留在理论层面。

3. 语言模型无法保证多学科领域有效

语音处理系统中的语言模型在大词汇量、连续语音识别的情况下还不能完全正确地发挥作用，还需要有效地结合语言学、心理学及生理学等其他学科的知识。只有这样，语言模型才能促进语音处理技术在不同的环境背景下发挥更为有效的作用。

学习总结

我的学习收获

我的心得体会

我的学习拓展

学习评价表

单元名称：________________ 学习者姓名：________________

个人评价	
教师评价	
评价反馈	

单元11　人工智能机器人赋能文旅服务

——让文旅服务行业“更贴心”

本单元将介绍智能机器人的分类，并基于智能机器人的应用场景，结合行业相关案例，展开对智能机器人在文旅服务行业中的实际应用场景介绍。

学习目标

1. 熟悉智能机器人的分类。
2. 了解智能机器人在文旅服务行业中的应用。

单元导读

在对技术原理及其应用场景的深入学习过程中，人们愈发明白，一个行业的智能化并不是一蹴而就的，它需要技术专家日积月累地研究，加上用户的不断参与、反馈，才能造就如今人工智能商业化的繁荣局面。在人工智能的发展浪潮中，也出现了如智能机器人和人工智能模型类似的研究成果，这大大促进了人工智能落地到日常生活中的进程。

展望当下科技的发展趋势，智能化已成为各行各业的发展方向，服务业也不例外，如图 11-1 所示。近年来，越来越多的智能机器人出现在人类的生活和工作场景中，给人们的生活带来了不少的便捷。

这些机器人之间有什么区别呢？它们又是如何为人类提供便利的呢？

（a）智能机器人　（b）扫地机器人　（c）送餐机器人　（d）导购机器人

图 11-1　各类服务机器人

单元知识

知识要点：智能机器人的分类.ppt　微课：智能机器人的分类

11.1　智能机器人

如今，智能机器人在功能及应用领域上更加宽泛，其应用技术的发展也日新月异。

如图 11-2 所示，根据机器人的应用环境，国际机器人联盟将机器人分为工业机器人和服务机器人。其中服务机器人主要指除工业机器人之外的、用于非制造业并服务于人类的各种先进机器人，主要包括个人或家庭用服务机器人和专业服务机器人。

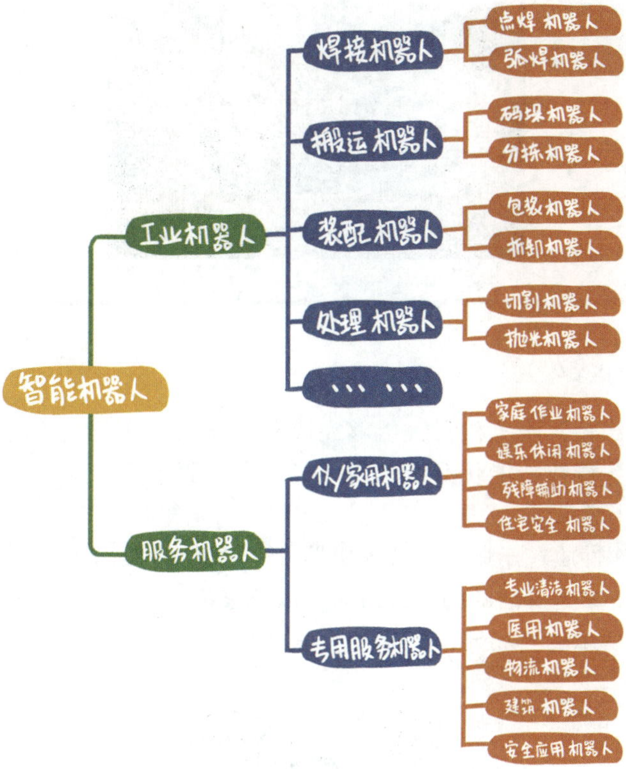

图 11-2　智能机器人的具体分类

11.1.1　工业机器人

工业机器人，顾名思义为用于工业制造行业的机器人，其定义为“自动控制的、可重复编程、多用途、移动或固定式的操作机，可对 3 个或 3 个以上轴进行编程，应用于工业自动化”，如图 11-3 所示。

图 11-3　工业机器人

简单来说，工业生产更多是统一流水线的产物。科技不发达的时候，公司会雇用一大批工人，在工厂流水线上不停地重复工作。作为有自我意识和生理需求的人类，工人需要持续的薪酬补给，同时可能由于疏忽或极高的工作强度导致漏洞百出、身体不支。对于管理人员来说，诸如此类的不稳定因素难以管控，且管控成本过高。而如图 11-4 所示，工业机器人可自动化生产，无工作时长限制，刚好解决了上述的大部分问题，实用、高效且安全。

随着机器人技术的不断发展，工业机器人的功能与种类也随之丰富。工业机器人在中国制造业领域的应用非常广泛，覆盖了焊接机、搬运、码垛、包装、喷涂、切割、打磨、涂胶、分拣、上下料等几十种工艺。

图 11-4　生产环境中的工业机器人

11.1.2　服务机器人

与工业机器人相比较，服务机器人能够完成和人类衣食住行相关的服务工作，但不能从事生产。作为助力服务行业智能化升级的服务机器人，服务机器人具备感知、决策、执行这三种能力。

服务机器人的工作性质在于服务。服务机器人一般分为两大类：一类是个人或家庭用的服务机器人产品，如用于家庭清洁的扫地机器人，以及家庭教育中的教育机器人等；另一类是商用机器人，如图 11-5 所示的商场导购机器人、医用机器人以及安防过程中用的排爆机器人等。

图 11-5　商场导购机器人的对话识别过程

服务机器人的应用领域随着人类的需求增长在不断地拓宽，为人们的生活带来更加丰富多彩的体验。如图 11-6 所示，2021 年央视牛年春节联欢晚会上，两只靠着细腿舞动起来的娱乐休闲机器人“拓荒牛”与其他演员默契搭配，以十足的科技感在电光绚烂中为观众表演了一曲《牛起来》。

图 11-6　“拓荒牛”四足机器人亮相春晚

可爱的“拓荒牛”四足机器人是以如图 11-7 所示的深圳“拓荒牛”雕像为设计原型，融合了祥云及中国红等传统文化元素，以绚丽的灯光及机械结构诠释科技美感，伴随着激昂的音乐奔腾向前。

图 11-7　深圳“拓荒牛”雕像

11.2　智能机器人在文旅服务行业中的应用

学完服务机器人的分类之后，它们在日常生活中到底起着什么样的作用呢？接下来，我们将具体讲解服务机器人的应用场景——自动送餐服务、酒店导航服务及智能旅游服务。

11.2.1　自动送餐服务

民以食为天，但如今竞争激烈的餐饮市场环境，导致很多餐厅的人气不高，无法提高上座率和营业额。这时若将智能机器人和餐厅有机结合起来，则能够吸引很多顾客，从而为餐厅的发展提供创新的营销方式。

随着经济条件的改善，越来越多的聚餐活动在餐厅举办，这必然会加剧服务人员的工作量，特别是在用餐高峰期，客流量会变得更多。这时若让智能机器人替换部分服务人员，既可以减轻服务员的工作量，提高送餐准确性，又可以合理调配餐厅的人力资源。餐饮企业管理者可以将雇员薪酬和精力放在如何创造商业价值、扩大人流量等宏观发展的问题上，从而创造更高的经济价值。

图 11-8 所示为送餐服务机器人的工作流程，机器人从取餐口将菜品运输到预设定的位置，再返回取餐口，等待下一次指令。这看似很简单，但也离不开智能机器人技术的支持。

图 11-8　送餐服务机器人送餐流程

以某公司的“送餐服务机器人”为例，具体讲解送餐服务机器人的工作流程和技术实现。由图 11-9 可知，在送餐服务机器人每次准确送达餐点的背后，是研发人员设计的一整套严格的工作流程。

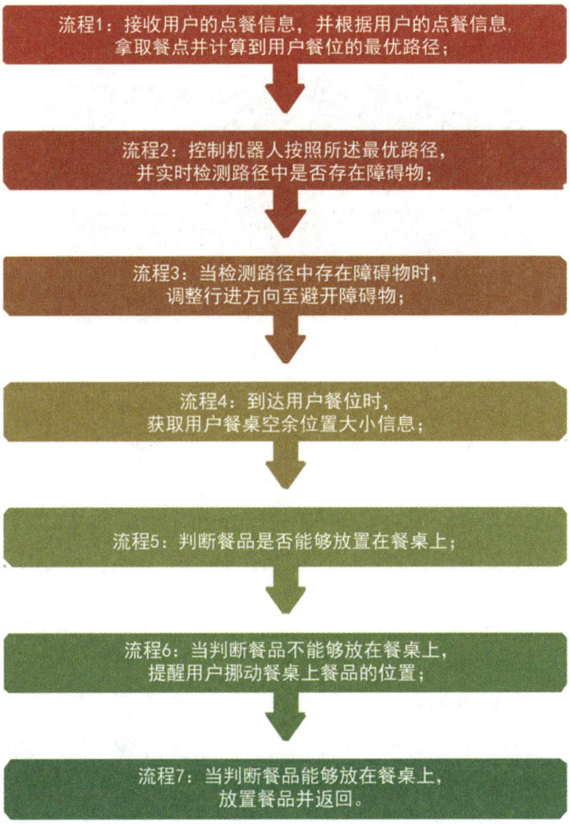

图 11-9　送餐服务机器人工作流程

如图 11-10 所示，当多个送餐服务机器人一起工作的时候，人流涌动的餐厅卡位之间易发生碰撞，堵路等情况，此时，多机调度技术就派上了用场，它可以保证各个送餐服务机器人之间的协同统一，这也是智能机器人的一个关键应用。自动送餐服务不仅可以节省人力物力，优化业务流程，提高效率；还为客户提供了更好的服务。它不只存在于餐饮业。在酒店服务业中，人们也能见到送餐服务机器人的身影。

图 11-10　送餐服务机器人

小智直播间

11.2.2 酒店导航服务

随着经济社会的不断发展，酒店行业的发展也日趋激烈，在这背后是越发沉重的人工成本挑战。各项人工成本给企业添加了无数负担，因此，借助于服务机器人、人工智能等高新技术，助力酒店降低成本，提升智能化水平已然是大势所趋。

从酒店的角度看，机器人可以辅助员工承担重复繁杂的基础性劳动，一线员工可以将更多时间用在人文关怀等方面，努力提高自身服务技能与服务质量，给顾客带去更好的服务体验。一张笑脸配上个性化的服务，不仅能让顾客的体验感更佳，员工本身也收获了自我价值。相比于谁都能做的基础性工作，将员工释放到富有人情的工作场景中，本就是双方共赢的局面。

在酒店的日常工作中，酒店员工带领客人入住房间、送餐或配送物品的工作量非常大。某家酒店引入了智能机器人来解决这类基础性工作，极大地解放了人力。对于酒店来说，智能机器人的高效服务，不仅可以帮酒店提升服务标准化程度及运营效率，缓解用工难题，还有助于酒店提升数字化水平。

小思考：什么是数字化水平呢？

酒店通过考量机器人与服务人员在各时段的任务量，可以做出更加人性化、更为完善的排班计划；酒店也可以根据机器人服务数据的比对分析，预估特定时段的客流状态，进而提前做好接待计划。机器人带来的可靠数据，在辅助酒店决策的过程中，也能使酒店的核心竞争力不断增强。

11.2.3 智能旅游服务

不仅是餐厅服务和酒店体验，智能机器人还在旅游行业中做出了成绩。

近几年来，旅游行业发展迅猛，旅游度假开始成为人们在休闲生活中不可分割的一部分。同时，随着机器人与各行业的连接日渐紧密，旅游不再是传统意义上的出行行程安排，而是多样化服务和多元化需求相结合的产物，由此，智能旅游服务机器人应运而生。

类似于线上客服的工作，旅游行业工作人员在日常沟通、信息登记等等基础性工作上都需要极大的人力投入，但如果有了智能旅游服务机器人的帮助，无需人工的介入，机器人都能为顾客答疑解难，由此，旅游行业的服务效率便可大大提高。

通过机器人技术获取的海量数据，还可进行大数据分析，对用户进行精准画像，推动整个行业业务流程的重构，实现产品和业态的创新。

某景区在今年引入了一批导游机器人，其功能包括以下 5 点内容：

（1）提供景点内的路线导航指引；

（2）提供景点自主导游模式，向游客提供导游服务；

（3）提供游客问题交互功能，解答游客深入咨询的问题；

（4）结合声纹识别和人脸识别，避免误跟随或回复；

（5）提供闲聊服务。

从这 5 个功能来看，导游机器人的设计理念是以更加标准和规范化的方式，向游客介绍景区相关知识，能自然地和游客像朋友一样聊天，能够充分地尊重用户体验，机器人人性化服务赢得了人们的喜爱。导游机器人可以替代人工去做一些重复性工作，如迎宾、导购和解说等。如图 11-11 所示，通过人机协作的方式，导游机器人可帮助工作人员完成机械性劳动，降低工作强度。工作人员则可以有更多时间和精力去提供更有创意、温度的服务，让游客更真实地感受科技带来的全新体验，助力展馆智慧化转型。

图 11-11　人机协作模式

目前，导游机器人在实际的服务过程中也有一定的不足之处，例如机器人没有情感，缺少互动的灵活性和创意性，这是因为目前的导游机器人在词库、语义理解上的创意性是远不及人类的。但随着导游机器人的研发，其技术投入会越来越丰富，交互功能也会越来越强大，这是智能机器人技术发展的必然结果。

学习总结

我的学习收获

我的心得体会

我的学习拓展

学习评价表

单元名称：__________________　　学习者姓名：__________________

个人评价	
教师评价	
评价反馈	

单元 12　人工智能项目开发流程

——让 AI 走进千家万户

本单元将详细介绍人工智能项目开发的基本流程，以及典型的 AI 开发平台，并基于现状讲解人工智能领域技术的发展趋势。

学习目标

1. 掌握人工智能项目开发的基本流程。
2. 了解典型的 AI 开发平台。
3. 了解人工智能领域技术的发展趋势。

单元导读

2017 年 3 月，人工智能首次被写入国务院的《政府工作报告》，人工智能正式进入国家战略层面。

2017 年 7 月，国务院印发《新一代人工智能发展规划》明确指出新一代人工智能发展分三步走的战略目标，到 2030 年使中国人工智能理论、技术与应用总体达到世界领先水平，人工智能核心产业规模超过 1 万亿元。

在国家政策的支持下，我国人工智能技术发展迅速，为人们提供便利。经过前面的 11 个单元的学习，我们也了解到各行各业都能够与人工智能摩擦碰撞出智能的“火花”，那人工智能项目到底是如何开发的呢？不同行业的人工智能产品开发之间是否有相通之处呢？

单元知识

12.1 人工智能项目开发的基本流程

知识要点：人工智能项目开发的基本流程.ppt

微课：人工智能项目开发的基本流程

在不同的行业场景下，人工智能的产品可以根据不同的需求去供人们使用，但在人工智能产品研发的背后，其基本流程却是一致的，例如语音处理技术可使用于十几个行业中。通常，人工智能项目开发的基本流程如图 12-1 所示。

图 12-1 人工智能项目开发的基本流程

12.1.1 需求分析

在开始人工智能应用的开发之前，我们首先需要明确以下几个问题——需求是什么？要解决什么问题？服务的商业目的是什么？然后再基于对实际业务的理解，即可确定人工智能的开发框架和思路。

知识小拓展：5W1H 分析法——一种系统化分析需求的方法

5W1H 分析法，也称六何分析法，指的是对开发流程中项目选择、工序或操作等环节，从研发对象（What）、研发原因（Why）、地点（Where）、时间（When）、人员（Who）、方法（How）6 个方面提出问题并进行思考和总结，使得思考内容深入化、体系化和科学化。图 12-2 所示为 5W1H 的具体分析思路。

	现状如何	为什么	能否改善	该怎么做
对象（What）	产生什么	为什么生产这种应用	能不能产生其他应用	到底应该产生什么
原因（Why）	什么目的	为什么是这种目的	有没有其他目的	应该是什么目的
地点（Where）	在哪里	为什么在那里做	能不能在其他地方做	应该在哪里做
时间（When）	什么时候做	为什么在那个时候做	能不能在其他时候做	应该在什么时候做
人员（Who）	谁来做	为什么是那个人做	能不能有其他人做	应该由谁来做
方法（How）	怎么做	为什么那么做	有没有其他方法做	应该怎么做

图 12-2　5W1H 分析思路参考

12.1.2　数据准备

在完成需求分析，并搭建好框架后，我们则需要向框架里面填充数据。

数据作为人工智能项目开发的原料，其重要性不言而喻。数据准备主要指收集和预处理数据的过程，因此，数据准备阶段包括了从原始数据到形成最终数据集的所有操作步骤。

在此步骤中，我们需要按照“需求分析”阶段中所确定的需求和目的，来有目的性地收集、整合相关数据，如图 12-3 所示，该阶段主要包括数据采集、数据处理、数据标注等 3 个步骤。

图 12-3　数据准备流程

12.1.2.1　数据采集

例如，食品行业的数据来源主要分为通用数据和行业数据两类。

通用数据是指行业中允许公共使用的数据，如五谷杂粮的图片数据等。行业数据则是行业内部使用的数据，如食品原料供应商表格数据或食品营养数据等，这对于各个企业在关注行业动态来说有着重要的作用。市场上还存在一种职业——“项目数据分析师”，这种职业的主要工作是针对各个项目进行数据分析。

在采集数据的过程中，计算机应根据不同数据的来源或性质（数据源）采取不同的数据采集方式，下面将介绍常见的 2 种数据采集方式。

1. 线下数据采集

食品行业的线下数据采集方式有很多种，采集人员根据不同数据源的性质，可以选择拍摄现场照片及视频、录入营养值数据等方式进行数据的采集。但不论数据采集的方式差异有多大，在采集过程中，都必须遵循表 12-1 的数据采集原则。

表 12-1　数据采集原则

要　求	说　明
全面性	全面性是指数据量具有足够的分析价值、数据面足够支撑分析需求
多维性	多维性要求能够灵活、快速自定义数据的多种属性和不同类型，从而满足不同的分析目标
高效性	高效性既包含技术执行的高效性、又包括了团队内部成员协同及数据分析需求和目标实现的高效性。因此在采集数据的过程中，一定要明确采集目的，带着问题搜集信息，使信息采集更高效、更有针对性

2. 网络数据采集

互联网上能收集、保存并使用到的信息广泛且自由，因此，网络数据采集也是目前数据采集的重要来源。网络数据采集主要有两种方法，分别为 API 法和网络爬虫法。

小思考：什么是 API 呢？

如图 12-4 所示，以软件研发为例，假如小明已开发软件 A，小张正在研发软件 B。小张想调用软件 A 的部分功能来用，但为了避免从头开始做一遍软件 A 的源码和功能实现，导致整个过程耗费过多时间，小明把软件 A 里小张需要的功能打包好，写成函数，小张将把这个函数放在软件 B 里，就能直接使用软件 A 的功能了。

其中，API（Application Programming Interface，应用程序接口）就是上文中的函数。

图 12-4　小明和小张的软件调用过程

API 接口可以屏蔽网站底层复杂算法，仅通过简单调用即可实现对数据的请求功能。但是 API 技术毕竟受限于平台开发者，人们向开发者索要 API 时，都得去开发者专属网站寻找。为了减小网站的负荷，一般平台会对每日接口调用上限做限制，类似于餐厅限流。此类做法无法保证人们能及时获得数据，带来了极大的不便利。

因此，人们通常采用第二种方式——网络爬虫法。

网络爬虫是一种按照一定规则，自动地抓取万维网信息的程序或者脚本。爬虫也被称为蚂蚁、自动索引、模拟程序或者蠕虫。最常见的爬虫便是日常生活中经常使用的搜索引擎，如百度、360 搜索等。网络爬虫作为数据抓取的实践工具，构成了互联网开放和信息资源共享理念的基石，不断地推动网络空间的建设和发展。

12.1.2.2　数据处理

从真实世界中采集的数据是杂乱无章的，而且大部分有着数据质量问题。如图 12-5 所示，数据处理的任务就是过滤不符合要求的数据，不符合要求的数据主要包括残缺数据、错误的数据、重复的数据三大类。

图 12-5　数据处理三大类

数据质量是保证数据应用的基础。在数据处理完成后，我们需要从数据的完整性、一致性和准确性这 3 个方面来评估，看看数据是否达到预期设定的质量要求。

12.1.2.3　数据标注

一个效果良好的人工智能模型，离不开大量的训练数据，且训练数据必须针对特定需求来进行分类和标注。数据质量会直接影响到模型的质量，因此数据标注在整个流程中是非常重要的步骤。在开始数据标注之前，计算机需要先确定以下内容。

1. 标注标准

计算机需要保证有一个可以参照的标准，标注标准的确定是保证数据质量的关键一步。一般有以下两种方式：

（1）设置标注样例、模板，如颜色的标准比色卡；

（2）对于模棱两可的数据设置统一处理方式，如弃用或统一标注。

2. 标注形式

标注形式一般由算法人员或模型定制平台规定。如图 12-6 所示，要定制一个能够识别后厨人员烹饪时是否戴厨帽，则可以对视频图像进行 0 或 1 的标注，其中，1 代表相关人员已戴好厨帽，0 代表未戴厨帽。

图 12-6

3. 标注工具

标注形式确定后则可选择标注工具。一些公开的标注工具如智能数据服务平台 EasyDL、LabelImg 等都可以选择。

12.1.3　模型训练

数据准备阶段完成后，需要构建模型并进行训练。模型构建指的是基于主流人工智能框架，如 PaddlePaddle、TensorFlow、Caffe、PyTorch 等，开发出食品行业业务所需的模型。

算法模型构建是一个需要不断改进更新的循环过程。在模型构建过程中，往往伴随着硬件的升级，新模型的设计思路，甚至新业务数据的加入，因此算法只有不断改进才能更好地符合食品行业的业务需求。

开发者可以直接选择一些人工智能开发平台预置的算法模型进行训练，如深度学习模型定制平台 EasyDL、全功能人工智能开发平台 BML 等。这些平台都预置了关于图片、文本、语音、视频、结构化数据等方面的高精度模型，支持开发者零门槛、低成本地进行人工智能开发与应用。

但训练得到模型之后，模型的开发过程还未结束，为了获得一个满意的模型，计算机需要反复地调整算法参数、数据集等。利用一些常用的模型指标，如准确率、精确率、召回率等，能够对模型效果进行有效评估，这样才能不断完善训练所生成的模型。

如图 12-7 所示，为案例实现中使用深度学习模型定制平台 EasyDL 训练“膳食分类”V1 模型的整体评估效果，准确率为 88.2%，F1-score 为 88.2%。训练效果优异，但仍可以针对识别错误的图片示例不断优化模型的训练效果。

图 12-7　模型整体评估效果

12.1.4　模型应用

模型训练完成后，就可进行模型评估、部署与应用，来完成人工智能开发的最后一步。

（1）训练后的模型在正式应用之前，我们需要评估模型效果是否可用，如通过深度学习模型定制平台查看模型评估报告，了解模型的训练效果。

（2）启动校验服务，通过在线可视化的方式上传测试集测试模型效果。若效果不佳，则可通过增加数据量、修改训练配置等方式再次进行模型训练，经过反复校验最后得到效果优异的模型。

（3）得到能够满足业务需求的模型后，即可将模型部署至生产环境中。传统的方式需要将训练出的模型文件加入工程化相关处理。深度学习模型定制平台则可以提供多种部署方案，包括公有云服务器部署、本地服务器部署、本地小型设备部署、软硬一体化部署等，通过 API 或 SDK 进行集成，能够有效应对各种业务场景对模型部署的要求。

12.2 典型 AI 开发平台

12.2.1 软件平台

1. 人工智能交互式在线实训及算法校验系统

Tring AI 人工智能交互式在线实训及算法校验系统以智能算法实训及实时校验平台和全周期在线学习及管理平台为支撑，为本科院校、职业院校、继续教育学院、社会培训机构等各垂直领域提供从课程教学、人工智能算法实训到人工智能边缘硬件开发的人工智能教学实训平台解决方案。平台通过典型的算法展示，结合人工智能的应用场景与案例，对学生进行人工智能方向的综合实训，构建专业教学由点及面、实训开发由理论到应用、课程涵盖原理验证/综合应用/自主设计及创新的多层次实训体系，如图 12-8 所示。平台特色及特点如下：

（1）SaaS 架构及服务：包含管理员、老师端及学生端，集成了教务管理、课程管理、班级管理、教师管理、学生管理、考试管理、实验管理、代码交互式学习、个人学情分析、班级学习状态监测及平台运行状态监测等基本功能。

（2）提供 Python 编程编译、操作系统环境以及 TensorFlow、PaddlePaddle、Pytorch 等主流深度学习开发框架开发环境，支持学生和老师进行虚拟系统操作、代码编译和深度学习框架开发应用等代码交互式学习。

（3）能够实现课程、平台、智能终端设备三者的线上上下教学互动和校验应用。

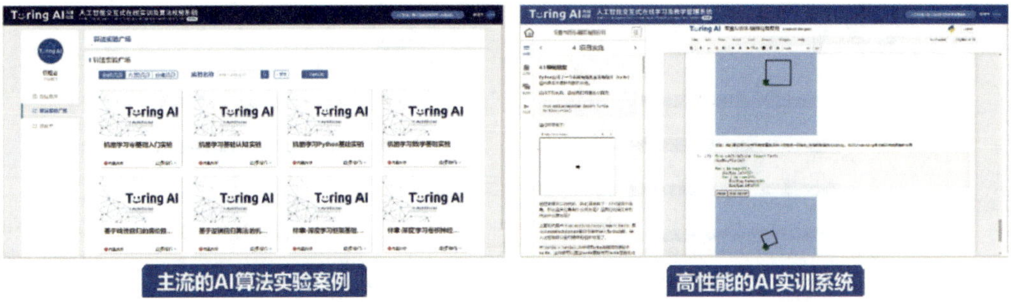

图 12-8　人工智能交互式在线实训及算法校验系统部分功能

2. 人工智能通识教育平台

Tring AI 人工智能通识教育平台依托于百度、阿里、京东科技、飞腾等生态平台的 AI 支撑能力，深入剖析面向 AI 全场景的垂直应用领域，通过“体验 + 认知 + 理解 + 实践”的四位一体的教学模式，结合人工智能头部企业的真实项目需求数据、AI 人才的岗位需求数据以及各场景下的行业案例数据，把 AI 技术“端到端”地赋能到院校各个专业，让学生掌握多领域跨学科的知识体系，领悟多视角看待事物的思维方式，进一步提升 AI 综合素养和通用能力，如图 12-9 所示。平台特色及特点如下：

（1）全场景全专业的 AI 赋能理念：平台利用大数据技术，结合各专业的典型应用实践场景、具体案例以及企业的实际用工需求、人工智能岗位数据等，为学生规划推荐个人专属学习路线，为成为 AI 应用型人才铺路。

（2）“体验 + 认知 + 理解 + 实践”四位一体的教学模式：平台基于与百度、阿里、京东科技、飞腾等 AI 头部企业的生态合作背景，提供 AI 场景体验、AI 行业认知、AI 技术理解及 AI 项目实践功能，着重培养学生的 AI 认知与理解、AI 技能应用与实操能力。

（3）零门槛的一站式的 AI 学习体验：平台提供可视化的步骤式的学习方式，将计算机视觉、自然语言处理、语音处理等 AI 技术原理生动形象地呈现出来，帮助学生快速上手人工智能技术学习。

（4）真实场景案例的快速应用创新：平台对接了人工智能各大龙头企业的真实项目需求，支持模块化的 API 调用，提供给学生做真实的可落地的应用创新的机会。

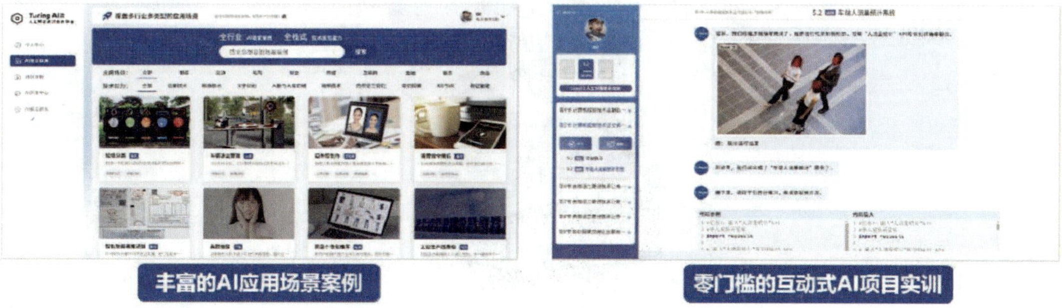

图 12-9　人工智能通识教育平台部分功能

12.2.2　硬件设备

1. 智慧零售操作台

智慧零售操作台是一款面向智慧零售场景的硬件平台，由工业摄像机、工业光源、工业传送带、智能控制单元、高清显示屏等模块组成，其能够还原智慧零售环境下的商品识别、人脸识别等工作任务。

智慧零售操作台集成 Python、机器学习、深度学习系统等运行环境，兼容 TensorFlow、PaddlePaddle、PyTorch 等人工智能深度学习框架，支持人工智能平台应用、智能数据采集与处理、计算机视觉等人工智能专业知识的学习和应用。智慧零售操作台实物如图 12-10 所示。

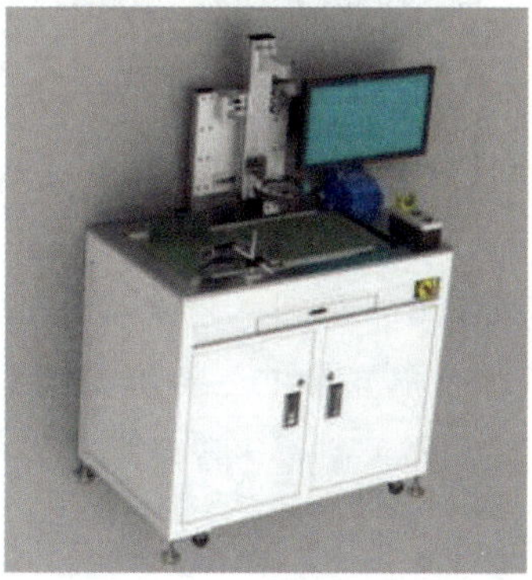

图 12-10　智慧零售操作台实物图

2. 智慧工业操作台

智慧工业操作台是一款面向智慧工业场景的硬件平台，支持图像分类、目标检测、图像分割、机器控制等算法和硬件的开发和学习，能够还原智能工业场景下的芯片分类、芯片缺陷检测、芯片划痕检测等工作任务，是 2022 年中国大学生软件杯高职组“智能工业－基于百度飞桨 EasyDL 平台的芯片质量检测”赛项的指定竞赛硬件。智慧工业操作台实物如图 12-11 所示。

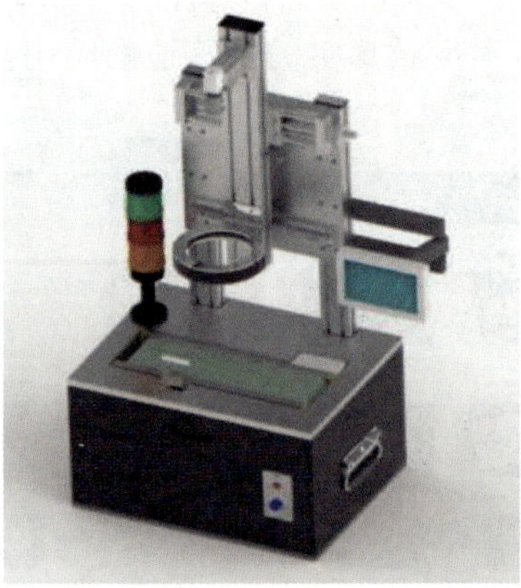

图 12-11　智慧工业操作台实物图

3. 人工智能端侧开发套件

人工智能端侧开发套件是一款集深度学习和计算机视觉两大核心技术为一体的智能设备，支持图像分类、目标识别等人工智能模型的本地推理应用，兼容 PaddlePaddle、Tensorflow 等深度学习框架。人工智能端侧开发套件实物如图 12-12 所示。

图 12-12　人工智能端侧开发套件实物图

人工智能端侧开发套件支持教育端侧实训、行业应用、竞赛实操等场景的软硬件一体化人工智能应用开发，目前已成功应用于智能制造、智能交通、智慧零售的领域，同时也是 2022 年全国大学生计算机设计大赛人工智能挑战赛“智慧零售”赛项指定竞赛设备。

4. 人工智能边缘开发设备

人工智能边缘开发设备是一款功能强大的小型计算机，可让在图像分类、目标检测、分割和语音处理等应用中并行运行多个神经网络，而其运行功耗仅为 5 W，人工智能边缘开发设备实物如图 12-13 所示。

图 12-13　人工智能边缘开发设备实物图

12.3　人工智能领域技术的发展趋势

近年来，人工智能不仅在食品行业生根发芽，同时在医疗、城市治理、工业、服务业等领域快速发展，助力社会经济向数字化、智能化转型。同时，人工智能也随着社会发展，在实现新的蜕变，走向新的发展阶段。面对高速发展的人工智能，了解发展的趋势和方向可以帮助大家提升学术素养、拓宽技术领域、帮助解决各类问题、提升效率。人工智能领域技术发展的趋势可以概括为以下 3 个方面。

1. 深度学习技术正从语音、文字、视觉等单模态向多模态智能学习发展

此模态是系统接收数据的基本模式，多模态即聚合多种数据的信息，使得模型学习更加完备。深度学习技术未来甚至可以将嗅觉、味觉、心理学等难以量化的信号进行融合，实现多个模态的联合分析，推进深度学习从感知智能升级为认知智能，在更多场景、更多业务上辅助人类工作。一方面，多模态融合能够推动人机交互模式的升级，人机交互过程中可以从视觉、听觉、触觉等多个方面体会机器的情感和表达的语义，通过图文、语音、动作等多方式互动，从整体上提高人机交互的自然度和精确度。另一方面，多模态融合技术，能够对人体的形态、表情和功能进行模拟仿真，打造出高度拟人化的虚拟形象，像真人一样与人沟通互动，不断提升交互体验。

2. 人机交互更加注重情感体验

通过计算科学与心理科学、认知科学的结合，情感机器人将具有识别、理解和表达喜怒哀乐的能力，识别用户的需求以及环境信息的变化，理解人的情感意图，并做出适当反应。这种情感反馈信息在优化推荐、广告定制、智能决策等领域将发挥重要作用。

3. 人工智能技术与其他数字技术将会更加广泛地融合

首先，人工智能技术与量子计算的结合，量子计算能够极大地提高生成、存储和分析大量数据的效率，增强机器学习的能力；其次，将人工智能融入虚拟现实应用，能够更精准地识别目标，提高视觉、行为形态和感知的真实性；再者，人工智能与区块链结合，以去中心化的方式，对大量数据进行组织和维护，使更大规模、更高质量、可控制的全球去中心化人工智能数据标注平台成为可能；最后，人工智能技术与5G融合的前景也非常广阔，5G提供了强大、可靠的连接，能最大限度地提高人工智能应用在设备上的响应速度，满足智慧城市、智能制造、医疗、交通等多行业的应用需求。

学习总结

我的学习收获

我的心得体会

我的学习拓展

学习评价表

单元名称：____________________　　　　学习者姓名：____________________

个人评价	
教师评价	
评价反馈	

参考文献

[1] 尼克. 人工智能简史[M]. 北京：人民邮电出版社，2017.

[2] 李德毅，于剑. 人工智能导论[M]. 北京：中国科学技术出版社，2018.

[3] 李开复，王咏刚. 人工智能[M]. 北京：文化发展出版社，2017.

[4] 桑圆圆，刁彬斌，彭昊，等. 人工智能从入门到进阶实战[M]. 北京：化学工业出版社，2020.

[5] 张晓明. 人工智能基础——数学知识[M]. 北京：人民邮电出版社，2020.

[6] 谭铁牛. 人工智能[M]. 北京：中国科学技术出版社，2019.

[7] 蔡自兴，刘丽珏，蔡竞峰，等. 人工智能及其应用[M]. 3 版. 北京：高等教育出版社，2016.

[8] 李晓鹏. 人工智能[M]. 天津：天津科学技术出版社，2021.

[9] 耿煜. 人工智能基础[M]. 北京：电子工业出版社，2021.

[10] 方滨兴. 人工智能安全[M]. 北京：电子工业出版社，2020.

[11] 李林. 智慧城市大数据与人工智能[M]. 南京：东南大学出版社，2020.

[12] 王建华，王万森，马俊. 人工智能技术与应用[M]. 广州：广东教育出版社，2020.

[13] 邵明东，李伟，张艺耀. 人工智能基础[M]. 北京：电子工业出版社，2020.

[14] 周越. 人工智能基础与进阶[M]. 2 版. 上海：上海交通大学出版社，2022.

[15] 韩雁泽，刘洪涛. 人工智能基础与应用（微课版）[M]. 北京：人民邮电出版社，2021.

[16] 付菊，孙连山. 计算思维与人工智能基础[M]. 北京：清华大学出版社，2022.

[17] 丁艳. 人工智能基础与应用[M]. 北京：机械工业出版社，2020.

[18] 郑骏，毛黎莉. 机器人与人工智能基础教程[M]. 上海：华东师范大学出版社，2020.

[19] 王海宾. 人工智能基础与应用[M]. 北京：电子工业出版社，2021.

[20] 宋楚平，陈正东. 人工智能基础与应用[M]. 北京：人民邮电出版社，2021.

[21] 周勇. 计算思维与人工智能基础[M]. 北京：人民邮电出版社，2021.